AF610259

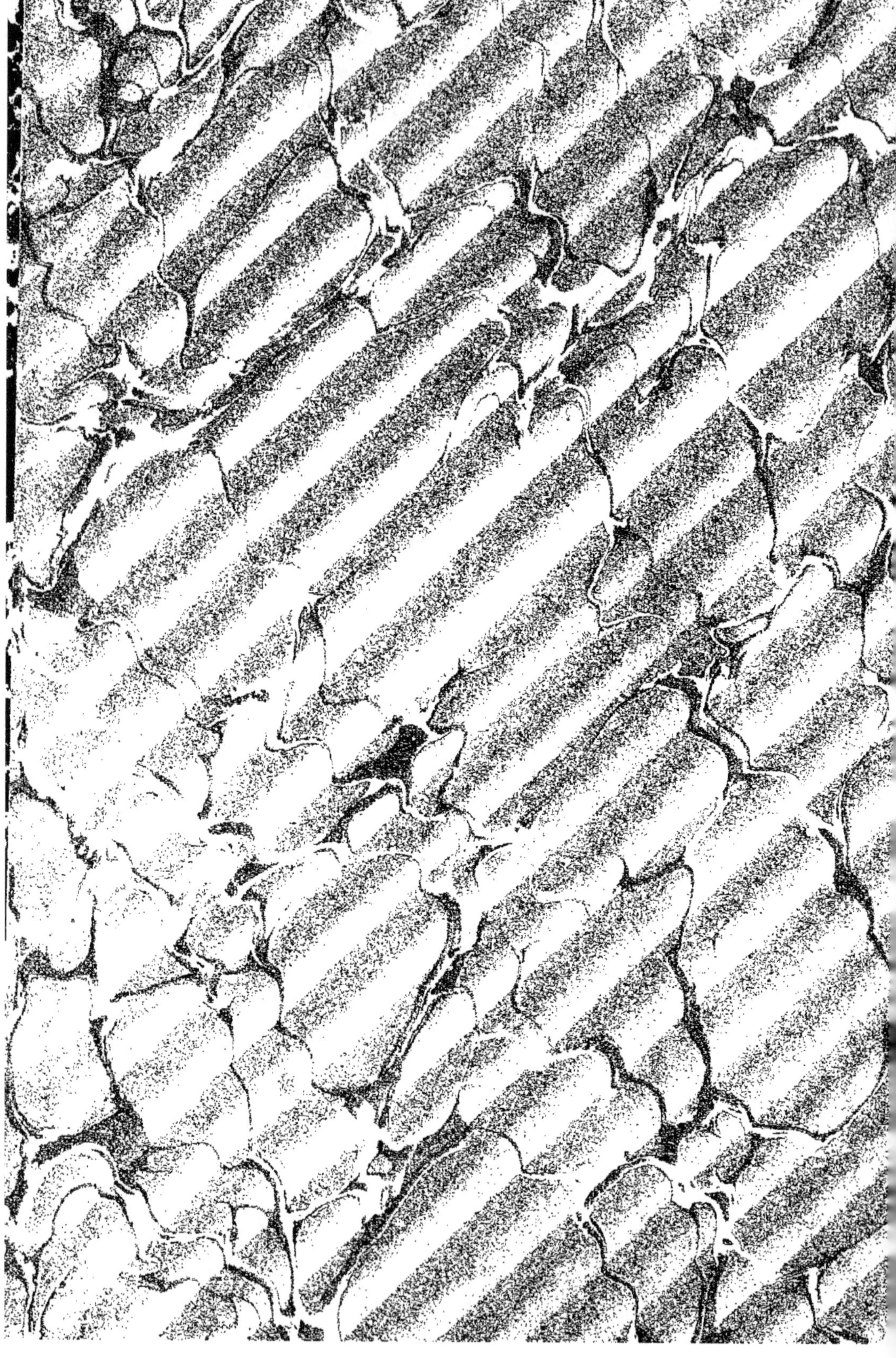

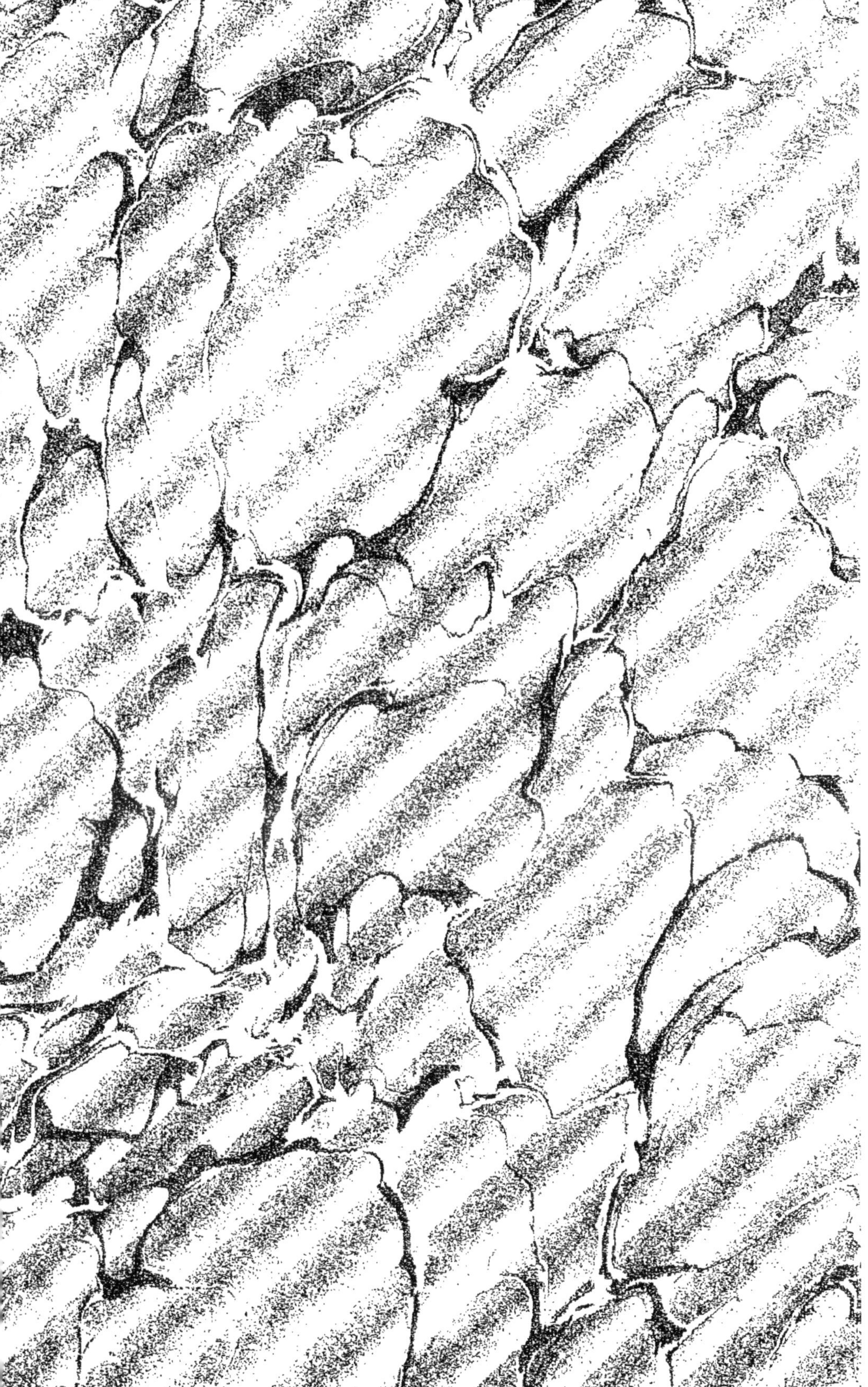

MÉMOIRES

DE LA

SOCIÉTÉ D'HISTOIRE
ET D'ARCHÉOLOGIE
DE BRETAGNE

LES VOYAGEURS EN BRETAGNE

Le Voyage de Mignot de Montigny

en Bretagne, en 1752

PAR

H. BOURDE DE LA ROGERIE

RENNES
PLIHON et HOMMAY, 5, rue Motte-Fablet

PARIS
ED. CHAMPION, 5, quai Malaquais.

NANTES
DURANCE, 4, quai d'Orléans.

SAINT-BRIEUC
PRUD'HOMME, 12, rue Poulain-Corbion.

QUIMPER
LE GOAZIOU, 7, rue St-François.

VANNES
LAFOLYE, 2, place des Lices.

VOYAGE

DE

MIGNOT DE MONTIGNY

DE L'ACADÉMIE DES SCIENCES

EN BRETAGNE

1752

INTRODUCTION

I

DE QUELQUES ANCIENNES RELATIONS DE VOYAGE EN BRETAGNE

« La Bretagne est une médaille précieuse à consulter, écrivait Cambry en 1794 dans son célèbre *Voyage dans le Finistère* ; aucun bouleversement, aucune conquête, de mémoire d'homme, n'a pu changer ses idées, ses mœurs et ses coutumes ». Avant le XIXe siècle, peu d'écrivains essayèrent de décrire cette « médaille ». Les Bénédictins de Saint-Maur et quelques érudits écrivirent l'histoire de la Bretagne, mais l'aspect de la province, les coutumes et les mœurs de ses habitants n'intéressaient personne. La Bretagne fut plus rarement visitée et décrite que la plupart des autres provinces françaises. Les voyageurs qui descendaient la vallée de la Loire s'arrêtaient à Nantes ; ceux qui parcouraient la Normandie et visitaient le Mont Saint-Michel franchissaient le Couesnon pour aller voir Saint-Malo; mais généralement les uns et les autres ne poussaient pas plus

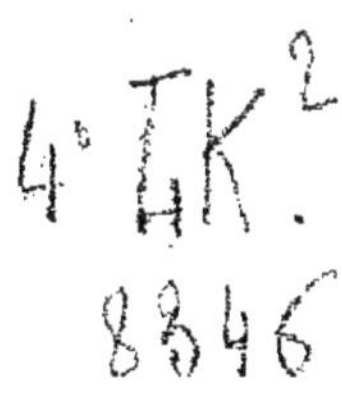

loin leurs pérégrinations dans un pays que le mauvais état des routes et l'insuffisance des gîtes rendaient peu attrayant.

Les voyageurs furent peu nombreux : les relations de voyage sont par conséquent très rares ; elles doivent être recherchées et étudiées, du moins lorsqu'elles sont l'œuvre d'écrivains attentifs et suffisamment informés. Est-il besoin d'insister sur l'intérêt que présente le témoignage de voyageurs tels que Jouvin de Rochefort ou Young qui avaient paricouru d'autres régions de la France et qui ont su reconnaître les particularités, les traits vraiment caractéristiques de la Bretagne ? Si l'auteur est un breton, son œuvre est également pleine d'intérêt, car on peut y trouver des renseignements précis et l'on y discerne le sentiment que l'auteur et ses contemporains avaient de l'état de leur pays, de ses avantages ou de ses inconvénients.

Il convient toutefois de remarquer que les relations et les descriptions d'autrefois présentent toutes certains défauts. Les voyageurs ont cru la Bretagne plus pauvre qu'elle ne l'était en réalité : c'est une erreur que commettent encore de nombreux touristes de notre époque, fâcheusement impressionnés par les landes monotones que traverse la ligne sud de Bretagne entre Questembert et Hennebont. Cambry protestait déjà contre ce dédain pour sa province d'adoption. « Ceux qui traversent la Bretagne (car personne, je crois, n'y voyagea pour l'étudier ou par curiosité), ne se doutent ni de sa fécondité, ni de sa population : les landes immenses qu'ils aperçoivent ne leur donnent que des idées de sécheresse, de misère ou d'aridité. Les maisons cachées derrière les fossés, dans des fouillis d'arbres et de buissons, toujours dans les lieux les plus bas pour que les eaux se rassemblent auprès d'elles et servent à la putréfaction des pailles, des landes, des genêts dont ils font leurs fumiers, ne sont aperçus que des chasseurs... ».

Ce n'est pas tout : nos rares visiteurs des siècles passés furent complètement insensibles à la beauté des sites, à l'originalité de la population, aux coutumes, aux monuments anciens... en somme à tout ce qui fait pour nos contemporains le charme et la beauté de la Bretagne. A peine peut-on citer trois écrivains qui ne furent pas atteints de cette insensibilité : Mme de Sévigné qui a exprimé en quelques phrases charmantes la beauté des rives de la Loire ou le charme sévère des bois des Rochers ; Bernardin de Saint-Pierre qui décrivit en deux pages magnifiques le port de Lorient et les couraux de Groix; Cambry qui « découvrit » en 1794 tous les sites gracieux ou grandioses du Finistère.

Cette incompréhension de la nature, qui chez beaucoup d'auteurs antérieurs à Jean-Jacques Rousseau et à Bernardin de Saint-Pierre était plutôt l'inhabileté à décrire des paysages, diminue l'intérêt de leurs œuvres. Par contre, on doit leur reconnaître un mérite qui manque à une bonne partie des innombrables impressions de voyage en Bretagne publiées au XIXe et au XXe siècle : elles sont vraies et personnelles ; elles n'ont rien de « livresque », l'auteur n'est pas dominé par le souvenir de lectures antérieures. Peu d'écrivains contemporains ont assez d'originalité et de personnalité pour ne pas rééditer les types désormais immuables de la Bretagne et des bretons, tels que les ont établis nos romanciers, nos peintres, nos poètes et nos bardes (1). Mais avant le XIXe siècle, on avait très peu de livres traitant de la Bretagne, et il n'en existait aucun qui prétendît expliquer le caractère breton. Les voyageurs qui rédigeaient leur journal connaissaient tout au plus le *Mémoire sur la Généralité de Bretagne* de Nointel ou la *Description de la France* de Piganiol de la Force : ce sont leurs propres sentiments,

(1) Certains aspects de la vie bretonne et certains traits du caractère breton ont été ignorés, ou bien dissimulés, par les écrivains contemporains. On doit citer comme une brillante exception la *Chanson du Cidre*, de Frédéric GUYADER, œuvre littéraire charmante qui est aussi un véritable document historique. L'auteur décrit, en effet, la Basse-Bretagne joyeuse et plaisante et la gaîté, parfois un peu grosse, de nos paysans. Les historiens de l'avenir qui se donneront le plaisir de lire la *Chanson du Cidre* sauront que le Finistère n'était pas exclusivement peuplé au XIXe siècle de paysans mélancoliques et rêveurs, mais que la vie des campagnes avait de très joyeuses journées.

leurs impressions plus ou moins intéressantes qu'ils ont notés avec plus ou moins de bonheur.

*
* *

Descriptions et relations sont de valeurs très diverses et ne présentent pas toutes un égal intérêt. En tous les temps, il y eut des voyageurs ignorants ou superficiels qui notaient seulement des remarques sur l'état des routes et des auberges; d'autres étaient curieux et observateurs et savaient saisir les traits intéressants ou les détails instructifs; d'autres encore étaient en quelque sorte des « spécialistes » qui voyageaient dans un but déterminé : commerce, travaux militaires, enquête administrative... A cette catégorie appartenait le savant Mignot de Montigny dont nous publions la Relation de voyage ; comme beaucoup d'autres « spécialistes », il a eu le bon esprit de noter quelques renseignements sur des questions qui ne rentraient pas dans le cadre de sa mission.

En se plaçant à un autre point de vue, on pourrait distinguer les voyageurs qui sont animés d'un esprit hostile à l'égard du pays qu'ils visitent et ceux que pousse une bienveillante curiosité. L'hostilité peut s'expliquer par le sentiment national — par exemple chez des chroniqueurs du moyen âge appartenant à des nations en lutte contre la Bretagne, — ou par le caractère de l'auteur. Les remarques malveillantes qui abondent dans certains écrits, tels que le rapport du trésorier J.-B. Babin ou les mémoires de la Baronne d'Oberkirck, ne doivent être considérés que comme des témoignages répétés du fâcheux état d'esprit de l'écrivain.

Il faut bien reconnaître qu'en Bretagne, la patience du voyageur était mise à de rudes épreuves. Mignot de Montigny mit quatorze heures pour faire sept lieues par une route difficile et dangereuse : on doit lui pardonner d'avoir consacré à la Cornouaille quelques lignes acerbes. Mme Cradock, logée dans un grand hôtel de Nantes, passa ses nuits à lutter contre d'affreux insectes : il faut la louer d'avoir conservé de Nantes un souvenir agréable et d'avoir noté quelques traits charmants de la traditionnelle affabilité nantaise [2]. Au XVIIIe siècle, les voyageurs en Bretagne pouvaient craindre d'être dévalisés par des brigands. Le P. Toussaint de Saint-Luc signale ce danger en 1664 ; Jouvin de Rochefort vers 1672 fut attaqué près de Guingamp ; il réussit à mettre un de ses agresseurs hors de combat mais il s'empressa de prendre la fuite dans la crainte d'avoir affaire aux gens de justice presqu'aussi redoutés que les brigands. Au XVIIIe siècle, les routes étaient sûres mais elles étaient souvent impraticables ; ce n'est que dans les relations de voyage postérieures aux grands travaux ordonnés par le duc d'Aiguillon, telles que la relation de Desjobert, que l'on trouve quelques éloges des grands chemins de Bretagne.

Mais les écrivains qui surent rester justes et porter sur les Bretons un jugement bienveillant sont heureusement assez nombreux. Le premier voyageur qui ait consigné par écrit ses impressions est peut-être le trouvère normand Wace ; doué d'un esprit curieux, mais en la circonstance un peu naïf, il voulut voir la forêt de Brocéliande et la fontaine de Barenton tant célébrées dans les Romans de la Table Ronde ; il vit la forêt et la fontaine mais ne fut témoin d'aucun prodige. Les vers dans lesquels il avoue sa déception sont exempts d'amertume :

> La allai-je merveilles querre (*chercher*).
> Vis la forest et vis la terre,
> Merveilles quis (*cherchai*), mais ne trovai ;
> « ... Fol y allai, fol m'en revins
> Folie quis, pour fol me tins » (*tiens*).

(2) Mme CRADOCK a consigné dans son *Journal* les détails les plus précis que nous reproduisons « à titre de document »; le 25 août on tua dans son lit punaises; le 26, près de 400; le 30 août, 140.

Il est bien rare que la Bretagne ait donné des déceptions à ses visiteurs. A l'époque même où écrivait Wace (XIIe siècle), l'arabe Edrisi énumérait tous ses meilleurs ports et vantait sa fertilité, mais il était moins élogieux en ce qui concerne les habitants. Gilles Le Bouvier, dit le héraut Berri, au XVe siècle, le navigateur Jean Fonteneau, dit Alphonse de Xaintonge, au XVIe, ont noté avec une remarquable précision les traits caractéristiques du pays où l'on trouve « grant foison de ports de mer, grant foison de bœufs et vaches et de bons petits chevaux, grans landes et foretz et petites rivières... ; les habitants font moult de bœurre qu'ils vendent aux estranges pais... (Il y a) de fortes gens et bons lutteurs... et sont bonnes gens de mer. Et ces gens sont rudes gens et grans plaideux » (Gilles Le Bouvier). « La Basse Bretagne est une nation de gens sur soy et n'ont amitié à aultres nulles nations. Sont gens de grant peine et travail. La terre est quelque peu montagneuse et est fertille de bled et de bestial... Cette nation de gens, par la plus grande part, sont petites gens trappuz et fortz, et adonnés à travail et peine, mesmement à l'art marin... » (Alfonse de Xaintonge) (3).

Mais devant nous borner à présenter le Journal d'un économiste du XVIIIe siècle, nous rappellerons seulement aujourd'hui les principales relations qui font connaître l'état de la Bretagne à cette époque et pendant le siècle précédent.

Le comte de Souvigny a narré les déplacements de son régiment en 1626 et 1627 de Saint-Aubin-du-Cormier à

(3) Le texte d'Edrisi a été reproduit d'après la traduction d'Amédée Jaubert (Paris, 1840) dans *Géographie ancienne de la Bretagne*., par J. Trévédy (*Bull. de la Soc. d'Emulation des Côtes-du-Nord*, 1896). Le texte est tronqué dans l'*Histoire de Bretagne* (t. III, 148-151) de A. de la Borderie, qui a supprimé les reproches peu graves adressés aux Bretons, mais surtout certaines histoires fantastiques qui diminuent la valeur du témoignage du géographe arabe. — Georges Musset, *La cosmographie..., par Jean Fonteneau dit Alfonse de Saintonge*. Paris, 1904, in-8°, p. 155, 160.

Morlaix, à Brest et à Auray ; il a décrit les parties de chasse des gentilshommes du Léon; il a révélé aussi les intrigues relatives au gouvernement de Brest et les pratiques des naufrageurs du Conquet [4].

François-René Baudot, seigneur du Buisson et d'Ambenay, parcourut la Bretagne à la fin de l'année 1636. Ce gentilhomme normand était officier, diplomate, ingénieur, archéologue, naturaliste : peu de branches du savoir humain lui étaient étrangères, mais, en Bretagne, il s'intéressa surtout aux monuments anciens. Son *Itinéraire* est un document de premier ordre, trop connu des archéologues et des historiens bretons pour qu'il soit utle d'en faire l'éloge [5].

Le Père Toussaint de Saint-Luc a essayé de faire connaître l'état de sa province natale en 1664 : trop laudatif en ce qui concerne le commerce maritime et les ports qui tous, même les plus infimes, auraient été peuplés de riches marchands, il est au contraire beaucoup trop pessimiste lorsqu'il écrit qu'un dixième seulement des terres peut être mis en culture [6].

En 1665, le conseiller d'Etat Charles Colbert fut chargé par son cousin, l'illustre ministre, de faire une enquête sur l'état des juridictions, du commerce, des ports, des bénéfices ecclésiastiques, de la valeur morale et de la fortune de la noblesse locale. Le programme était vaste : le voyage fut très rapide. En quatre ou cinq semaines, Colbert fit le tour de la province, s'arrêtant un jour, ou quelques heures seulement, dans les principales villes, recueillant les notes que lui remettaient des informateurs inconnus. Son rapport est

(4) *Mémoires du comte de Souvigny, lieutenant général des armées du Roi*, publ. par la Soc. de l'Histoire de France, par le Baron DE CONTENSON, Paris, 1906, in-8°, t. I, p. 145-159.

(5) *Dubuisson-Aubenay. Itinéraire de Bretagne en 1636* publ. pour la Soc. des Bibliophiles bretons, par Léon MAÎTRE et P. DE BERTHOU, Nantes, 1898 et 1902, 2 vol. in-4°.

(6) *Recherches générales de la Bretagne gauloise*, Paris, 1664, in-18. Cet ouvrage a été réédité à Saint-Brieuc en 1880 en même temps que l'histoire de Conan Mériadec à laquelle il fait suite.

plein de renseignements curieux (7), mais on doit regretter que plusieurs historiens aient choisi pour faire connaître les mœurs de la noblesse de Bretagne, le chapitre consacré au pays de Dol. Dans cette ville, le conseiller reçut les confidences d'un anonyme qui était en difficulté avec tous les gentilshommes des environs, probablement à l'occasion d'empiètements commis par des juges seigneuriaux ; il se vengea en les accusant de tous les crimes et de tous les vices. Dans les autres villes, les renseignements recueillis furent moins défavorables : il n'y a aucune raison de penser que la noblesse doloise fût dans un état moral inférieur à celui des évêchés voisins.

Dès 1663, J.-B. Babin, trésorier de France et général des finances de Sa Majesté en Bretagne, avait envoyé à C. Colbert un mémoire renfermant des renseignements administratifs d'un grand intérêt, mais l'auteur a exercé sa verve aux dépens de ses administrés. Il est très sévère, très mal disposé pour les bretons et même pour les bretonnes : (« à Vannes, les femmes n'ont pas communément ce picqueron qui touche et qui émeut; aussi s'attache-t-on moins à les cajoler qu'à vider des bouteilles »). Son rapport ne peut guère être considéré que comme une diatribe, d'ailleurs amusante. Babin était un prosateur agréable; on a publié un sonnet signé de lui qui nous le révèle comme un bon poète (8).

Le P. Alexandre, religieux carme de Rennes, était un versificateur bien médiocre; il a raconté un peu longuement mais avec une aimable naïveté les péripéties d'un voyage en Basse Bretagne en 1669, sa visite de l'arsenal de Brest,

(7) Ce rapport inédit est conservé à la Bibliothèque nationale, dép. des Manuscrits, nº 291 des Cinq Cents de Colbert.

(8) Le mémoire conservé à la Bibliothèque nationale (Mss. 6 des 500 de Colbert, fos 38-47) a été analysé par S. CANAL, *La Bretagne au début du gouvernement personnel de Louis XIV* (*Annales de Bretagne*, t. XXII, 1907, p. 393-401). Cf. *Anthologie des poètes bretons au XVIIe siècle*, par S. HALGAN, O. DE GOURCUFF, etc. (publication des Bibliophiles bretons), Nantes, 1884, in-4º, p. 117, 157, 168, et KERVILER. *Bio-bibliographie bretonne*, t. II, p. 7.

son pèlerinage au pardon de Kerdevot et ses séjours dans divers couvents et dans des maisons amies (9).

Albert Jouvin de Rochefort était un intrépide voyageur; les pages consacrées à la Bretagne qu'il a publiées en 1672 dans *le Voyageur d'Europe* mériteraient d'être rééditées. C'est la plus intéressante relation et surtout la plus complète que nous connaissons pour le XVIIe siècle (10). Les descriptions de Rennes, de Dol et de Saint-Malo en 1691 remplissent quelques pages des Mémoires du janséniste Thomas du Fossé, voyageur plus intelligent et plus instruit que Jouvin, mais d'humeur sévère et même grondeuse (11). M. de Herbais de la Hamaide, élève des jésuites de La Flèche, fit le tour de Bretagne en 1699 sous la conduite de l'un de ses maîtres : il admira docilement les églises des maisons de la Compagnie à Rennes, à Quimper et à Vannes et nota quelques menues anecdotes (12).

Le maréchal de Vauban inspecta à plusieurs reprises les travaux des fortifications de Saint-Malo, de Brest et de Belle-Isle ; il organisa en 1694 la défense des abords de Brest. On doit lire avec attention ses lettres pleines d'observations, parfois sévères, sur le pays où l'appelait son service (13). Est-il besoin de rappeler l'intérêt historique de nombreux passages des lettres de Mme de Sévigné. Qui ne

(9) Mss. original aux Arch. d'Ille-et-Vilaine. 1 HL : 47. — Les passages les plus intéressants ont été publiés par A. DE LA BORDERIE dans l'*Anthologie des poètes bretons au XVIIe siècle*, p. 265-271.

(10) Albert JOUVIN, de Rochefort, *Le voyageur d'Europe, où sont les voyages de France, d'Italie, d'Espagne*..., Paris, 1672, in-12, t. I, p. 196-221. — Les pages relatives à la Loire-Inférieure sont reproduites dans *Nantes ancien*..., par DUGAST-MATIFEUX, p. 168-178.

(11) *Mémoires de Pierre Thomas, sieur du Fossé*, publ. pour la Soc. de l'Histoire de la Normandie, par F. BOUQUET, Rouen, 1879, in-8°, t. III, p. 23-4; t. IV, p. 61-72.

(12) Voyage de Richelieu et de Bretagne..., mss. de la Biblioth. de Tours, publ. par le P. C. DE ROCHEMONTEIX, *Le Collège Henri IV de la Flèche*, Le Mans, 1889, in-8°, t. IV, p. 419-434.

(13) Quelques lettres de Vauban ont été reproduites par LEVOT (*Histoire de Brest*, t. II) et par G. TOUDOUZE (*La défense des côtes de Dunkerque à Bayonne au XVIIe siècle*, Paris, 1900, in-8°). — Cf. une lettre au maréchal de Chateaurenault publ. par DUGAST-MATIFEUX dans *Nantes ancien*..., p. 178.

connaît les portraits de la petite fermière de Bodégat et du jardinier Pilois, la description des fêtes de Rennes et des réunions des Etats, du château de la Seilleraye et des bois de Buron et des Rochers, ou bien encore la lettre dans laquelle l'épistolière peint avec une malice mêlée d'un peu d'attendrissement la gaucherie et la bonne volonté des jeunes soldats bretons ?

*
* *

Béchamel de Nointel, dont Mme de Sévigné célébrait les « magnifiques repas en maigre » est surtout connu par la sauce qui porte son nom et qui fut, dit-on, inventée à Rennes, mais ce titre de gloire ne doit pas faire oublier le *Mémoire sur la généralité de Bretagne* qu'il présenta au duc de Bourgogne en 1698 en qualité d'intendant de la province. Le mémoire est une œuvre beaucoup plus complète et plus utile que les médiocres essais de Mercator et de B. d'Argentré. Bien qu'il renferme quelques erreurs surprenantes chez un auteur en situation d'être exactement informé, on doit regretter que, maintes fois copié au XVIIIe siècle [14], il n'ait jamais été imprimé; il a formé le fonds de tout ce qui a été écrit jusqu'à la Révolution sur l'organisation de la Bretagne, sur les villes, sur le commerce; il a été largement utilisé par le comte de Boulainvilliers dans son *Etat de la France*... (Tome V) et par Piganiol de la Force dans sa *Nouvelle description de la France* (1754, T. VIII). Le mémoire sur la Bretagne, rédigé en 1733 par l'un des successeurs de Nointel, l'intendant des Gallois de la Tour, est au contraire demeuré inconnu; de nos jours seulement on en a signalé l'intérêt [15].

(14) Des copies existent par exemple aux Archives d'Ille-et-Vilaine (F. 1004) et à la Bibliothèque de Saint-Malo (Mss. 8). L'exemplaire de la Bibliothèque de Rennes (Mss. 317) présente un caractère particulier : c'est une copie modifiée et mise au point, peut-être dans les bureaux de l'intendance, vers 1714.

(15) Bibl. nat., mss. français 8153. — Le Mémoire a fait l'objet des deux études suivantes : 1° C. DE CALAN, *La Bretagne agricole, industrielle et commerciale au début du XVIIIe siècle* (*Bull. de l'Assoc. Bretonne*, session de 1895, Saint-

Le bailli de Mirabeau, chargé d'inspecter les milices gardes-côtes, visita un grand nombre de villes et de paroisses du littoral à l'époque du voyage de Mignot de Montigny. On a publié de trop courts passages (16) des lettres qu'il écrivait à son frère « l'ami des hommes ». Le bailli remplit consciencieusement sa mission, mais il regarda, ou plutôt il étudia les bretons avec une sympathique attention. Sans méconnaître certains défauts, il loua leurs qualités : leur docilité, leur simplicité, leur attachement aux vieilles coutumes et traditions. Le comte de la Noue, inspecteur des gardes côtes en 1766, résuma ses observations sur chacune des capitaineries en quelques lignes qui paraissent exprimer très-exactement les caractères particuliers, souvent assez dissemblables des habitants de nos divers cantons côtiers (17).

Les honneurs de l'impression qui n'ont pas été accordés aux *Mémoires de Nointel* et de Des Gallois ont été également refusés à la magnifique *Description historique, topographique et naturelle de la Bretagne* achevée vers 1756 par Christophe-Paul de Robien, président à mortier au Parlement de Bretagne (18). Une étude très complète sur Nantes et quelques bonnes notices sur d'autres villes sont perdues dans le *Dictionnaire géographique, historique de*

Brieuc, 1896, p. 55-80); 2° H. SÉE, *L'industrie et le commerce de la Bretagne dans la première moitié du XVIIIe siècle d'après le Mémoire de l'intendant Des Gallois de la Tour* (*Annales de Bretagne*, t. XXXV, 1922-1923, p. 187-208, 433-455). — Les chapitres correspondant au département actuel de la Loire-Inférieure ont été publiés par DUGAST-MATIFEUX, *Nantes ancien et le pays nantais*, Nantes, 1879, in-8°, p. 228-237. L'auteur de *Nantes ancien...* a reproduit in extenso toutes les descriptions de Nantes depuis le Moyen Age jusqu'à la Révolution qu'il a pu découvrir.

(16) L. DE LOMÉNIE, *Les Mirabeau; nouvelles études sur la Société française au XVIIIe siècle*, Paris, 1879, in-8°, t. I, p. 243-270. — Quelques-uns de ces passages sont reproduits dans l'introduction du t. III de l'*Inventaire sommaire* des Archives du Finistère, p. XLII, XLV à XLVIII.

(17) Publ. par C. DE CALAN, *Les milices garde-côtes de Bretagne* (*Rev. de Bretagne, de Vendée et d'Anjou*, t. VI, 1891, p. 459-471).

(18) Bibl. de Rennes, mss. 309-312. — Une copie partielle du texte, sans les planches, corrigée par l'auteur, existe aux Archives d'Ille-et-Vilaine (série F). — Un seul chapitre de la *Description*, concernant la pêche, a été publié (*Bull. de la Soc. polymathique du Morbihan*, 1887, p. 12-25).

la France d'Expilly, publié en 1766 (19). Des articles assez bien faits sont consacrés aux villes dans les diverses *Etrennes* — étrennes bretonnes, étrennes nantaises, étrennes de Rennes, étrennes malouines — publiées pendant la seconde moitié du XVIIIe siècle. L'ingénieur Ogée eut le rare courage d'entreprendre une œuvre générale comprenant toutes les paroisses de la province. Le *Dictionnaire historique et géographique de Bretagne*, dédié à la nation bretonne, publié en quatre volumes in-folio de 1778 à 1780, fut jugé sévèrement par les représentants de la « Nation bretonne », par les Etats qui refusèrent une récompense à l'auteur. De nos jours, des érudits se sont fait une joie d'y relever des erreurs, joie facile, car les erreurs abondent dans ce vaste répertoire auquel collaborèrent des écrivains médiocres. Le *Dictionnaire* d'Ogée est cependant consulté quotidiennent; pour beaucoup de localités, par exemple Auray et Josselin, c'est le seul ouvrage où l'on puisse trouver le tableau des mœurs d'autrefois (20). Ogée donna aussi en 1768 une carte du comté nantais, en 1769, un *Atlas itinéraire* et en 1771 une carte de Bretagne que la belle carte de Cassini publiée à partir de 1784 a fait oublier (21).

Pendant le règne de Louis XVI, les voyageurs en Bretagne furent plus nombreux; quelques auteurs de mémoires ont raconté leurs séjours dans la province, le chevalier de Mautort, de 1778 à 1780, à Belle-Isle-en-Terre, à Brest, à Quimper et à Lorient; le duc des Cars, en 1780, à Lannion (22).

(19) Cette remarquable « Description de Nantes », par GRESLAN, HUBELOT et D..., est reproduite in extenso dans *Nantes ancien*..., par DUGAST-MATIFEUX, p. 349-585.

(20) On sait que le *Dictionnaire* d'OGÉE a été réédité à Rennes en 1843 en deux vol. in-8° sous la direction de Marteville, assisté de nombreux collaborateurs.

(21) L'*Atlas itinéraire* illustre très utilement les relations des voyageurs; l'auteur a marqué tous les relais et inscrit les curiosités, églises, châteaux... et potences, que l'on pouvait apercevoir de la route.

(22) *Mémoires du chevalier de Mautort..., 1752-1802*, publ. par le Baron TILLETTE DE CLERMONT-TONNERRE, Paris, 1895, in-8°. — *Mémoires du duc des Cars*, Paris, 1890, in-8°, t. I.

Ces récits attestent que nos plus petites villes suivaient l'exemple de Paris ; la vie de salon, le goût du théâtre étaient singulièrement développés. La description des réceptions mondaines et des salles de comédie et les appréciations sur les acteurs et les actrices occupent une place notable dans les très curieuses *Notes d'un voyage en Bretagne effectué en 1780 par Louis Desjobert* [23] et dans le *Journal* de Madame Cradock [24]. Cette anglaise vint à Nantes en 1785 après avoir visité Paris, Marseille, Toulouse, Bordeaux ; on regrette qu'elle n'ait pas poussé son long voyage jusqu'à l'extrémité du royaume. Ses observations sont souvent un peu futiles, mais elle savait noter de curieux détails négligés par des témoins plus graves. Elle n'avait pas l'aigreur de la baronne d'Oberkirck, compagne ennuyée du grand-duc et de la grande-duchesse Paul de Russie dans leur voyage de 1786 [25], ni l'esprit chagrin de Young (1789) toujours prêt à critiquer les usages ou les procédés contraires à ses opinions ou à ses théories [26].

Bien peu de temps après, l'ancien régime s'écroulait. Il ne restait rien de l'ancien duché ou de la province de Bretagne remplacée sur la carte de la République par cinq départements. Ce fut alors, en l'an VII, que par une contradiction singulière fut publié l'ouvrage qui appela pour la première fois l'attention sur la Bretagne d'autrefois et sur ses vieilles coutumes. L'auteur du *Voyage dans le Finistère ou état de ce département en 1794 et 1795* [27], le citoyen

(23) Publ. par le Marquis DE GROUCHY dans la *Revue de Bretagne* en 1909, p. 190 et 250, et en 1910, p. 38, 94, 143, 221 et 318.

(24) *Journal de Madame Cradock, voyage en France (1783-1786)*, traduit d'après le manuscrit original et inédit, par Mme O. Delphin-Balleyguier, Paris, s. d., in-12, p. 246-270.

(25) *Mémoires de la Baronne d'Oberkirch*, publ. par le Comte L. DE MONTBRIZON, s. d., in-18, t. I.

(26) Arthur YOUNG, *Voyages en France pendant les années 1787, 1788, 1789 et 1790*, traduit de l'anglais par F. S., Paris, 1793, in-8°, t. I.

(27) Publié à Paris en 3 vol. in-8° avec gravures du quimpérois Valentin représentant des paysans et des pêcheurs; réédité à Brest en 1835 par SOUVESTRE, en un vol. in-4°, et en 1836, par le Chevalier DE FRÉMINVILLE, en un vol. in-8°.

Cambry, n'était pas monarchiste : il manifestait même avec une certaine ostentation un dédain supérieur pour les traditions de l'ancien régime et pour les croyances chrétiennes, mais il aimait sincèrement son pays d'adoption, le Finistère, qu'il connaissait bien. C'est lui qui, le premier, a signalé ou décrit tant de sites inconnus et destinés à devenir célèbres : l'enfer de Plogoff et la pointe du Raz, Penmarch, Quimperlé et la vallée de la Laita, la cascade de Saint-Herbot, les bois du Huelgoat, la vallée de l'Elorn... ; il essaya aussi de révéler les coutumes et les croyances des paysans, voire même les principes de la langue bretonne. Son livre a eu une influence considérable, immédiate ou médiate, reconnue ou dissimulée, sur les écrivains qui, en un style meilleur, ont décrit la Basse Bretagne.

Le nom obscur de Cambry clot la liste des voyageurs en Basse Bretagne avant le XIXe siècle; la même liste pour la Haute Bretagne se termine par le nom de Chateaubriand. On a pu contester la véracité de ses récits de voyage et la fidélité de ses descriptions de l'Amérique, mais les monuments qui subsistent et les sites qui n'ont pas changé attestent qu'il a respecté ses souvenirs d'enfance. Après avoir raconté qu'il avait assisté à Combour aux courses de la quintaine, il ajoutait : « Je suis le dernier témoin des mœurs féodales ». Il fut aussi le dernier témoin de la vie d'autrefois dans les petites villes et dans les châteaux campagnards, à Plancoët et à Monchoix; avec un talent inouï, insoupçonné de tous les voyageurs que nous avons énumérés, il a fixé pour aussi longtemps que durera la langue française, les aspects anciens de Combour et de ses landes, de Dol et du marais planté de peupliers, de la route montueuse qui passe par Plesguen et l'abbaye du Tronchet, de Saint-Malo et de sa population affairée et bruyante.

II

ETIENNE MIGNOT DE MONTIGNY

Il ne faut pas chercher dans le *Voyage* de M. de Montigny les descriptions pittoresques, des traits de mœurs ou des récits anecdotiques ; l'auteur était un mathématicien et un chimiste et fut un des précurseurs de la chimie industrielle ; il fut aussi le collaborateur dans l'administration des manufactures et du commerce de Denis-Charles Trudaine (1703-1769) et de son fils Jean-Charles-Philibert Trudaine de Montigny (1733-1777) avec lequel il peut être parfois confondu (28).

Ce savant est aujourd'hui bien oublié ; la *Biographie universelle* dite *Biographie Michaud*, vieille de plus d'un siècle, est le dernier dictionnaire qui ait cité son nom. La notice, que nous reproduisons en partie, est un résumé de l'*éloge* prononcé par Condorcet à l'Académie des Sciences (29).

Etienne Mignot de Montigny, trésorier de France, commissaire du Conseil au département des tailles, des Ponts et Chaussées, du commerce et du pavé de Paris, de l'Académie des Sciences, en 1740, associé étranger de l'Académie des Sciences et Belles-Lettres de Berlin, fils de Jean-François Mignot de Montigny, trésorier de France, et de Louise Gaillard, naquit à Paris le 15 décembre 1714. « Il annonça dès l'enfance un goût marqué pour la géométrie et la méca-

(28) Nous avons commis cette erreur dans l'*Introduction* du t. III de l'*Inventaire sommaire des Archives du Finistère*. — Mignot de Montigny et Trudaine de Montigny collaborèrent tous deux à l'administration du commerce : ils furent, l'un et l'autre, membres de l'Académie des Sciences, le premier en 1740, le deuxième en 1764. Daniel-Charles Trudaine (1703-1769), le père, fut parfois appelé, comme son fils, M. de Montigny ; il fut reçu à l'Académie des Sciences en 1743.

(29) *Histoire de l'Académie des Sciences..., année 1782*, Paris, 1785, in-4°, p. 108-121. — Cet éloge a été reproduit dans les *Œuvres complètes* de CONDORCET, édition O'Connor, t. II, p. 580.

nique [30]. Le P. Tournefort essaya de l'attirer chez les Jésuites : mais sa famille n'y voulut jamais consentir. Au retour d'un voyage qu'il fit en Italie avec l'abbé de Ventadour, il donna, en 1741, le seul mémoire de mathématiques qu'il ait imprimé. Ce mémoire a pour objet de déterminer le mouvement d'une verge inflexible chargée d'un nombre quelconque de masses animées de vitesses aussi quelconques. Il résolut ce problème avec beaucoup d'élégance et de simplicité par une méthode qui lui appartenait.

« Trudaine, le père, l'associa à ses travaux en lui faisant accorder la place de commissaire du Conseil au département des tailles, des Ponts et Chaussées, du commerce et du pavé de Paris, Montigny contribua en cette qualité à l'établissement des manufactures de drap et de velours de coton, à l'introduction de l'usage des cylindres pour calandrer les étoffes, à la perfection de nos quincailleries et de nos fabriques de gaze. Il mit ses soins à perfectionner les teintures en fil et en coton, à rétablir les manufactures de Beauvais et d'Aubusson.

» En 1760, il fut envoyé en Franche-Comté pour dissiper les préjugés populaires contre le sel de Montmorot : il y réussit ; son travail à ce sujet se trouve dans les *Mémoires* de l'Académie de 1768. Il s'occupa de divers autres objets d'administration dans lesquels il fit paraître sa modération, son équité et l'esprit philosophique qui le caractérisait.

» Montigny mourut le 6 mai 1782, ayant fondé par son testament un prix dans l'Académie des Sciences pour une question de chimie immédiatement appliquable à la pratique des arts.

» Il a traduit en français l'exposition faite par La Bélye des méthodes qu'il a employées pour fonder les piles du pont de Westminster. Outre les mémoires qu'il a fournis

(30) Les paragraphes entre guillemets sont empruntés à la notice donnée par TABARAUD à la *Biographie universelle ancienne ou moderne*, Paris (Michaud), 1821, in-8°, t. XXIX, p. 585-586.

à la collection de l'Académie des Sciences, on cite de lui des *Instructions et avis aux habitans des provinces méridionales de la France sur la maladie putride et pestilentielle qui détruit le bétail*, 1775, in-8°, et une *Méthode à apprêter les cuirs et les peaux, telle qu'on la pratique à la Louisiane*. Ce dernier mémoire a été traduit en allemand... ».

L'*éloge* rédigé par Condorcet loue les qualités mondaines et l'esprit philosophique de Montigny ; il n'était pas marié et laissa sa fortune à ses nièces, la comtesse de Mellet et la comtesse de Sabran. Son cachet apposé sur le manuscrit 2840 de la Bibliothèque Mazarine, renfermant le texte du voyage en Bretagne, porte ses armes : *d'azur au chevron d'or surmonté d'une étoile d'argent et accompagné de deux grappes de raisin d'argent et en pointe d'une main senestre de même*. Ces armoiries sont les mêmes que celles du beau-frère de Voltaire, père de Madame Denis et de Alexandre Mignot, abbé de Sellières, qui tinrent une si grande place dans la vie de l'écrivain-philosophe.

Ainsi qu'il a été dit ci-dessus, Mignot de Montigny fut un des savants choisis par le gouvernement pour éclairer le Bureau du Commerce sur les questions qui présentaient un caractère scientifique [31] : ce fut peut-être à ce titre qu'il fit, en 1752, un voyage d'études dans la vallée de la Loire et en Bretagne. Trudaine, directeur général du commerce, était à cette époque fort occupé d'une demande de concession des mines de Montrelais présentée par divers spéculateurs [32] : on peut supposer qu'en outre de l'enquête officielle confiée à un agent de l'administration des mines, Mathieu, il chargea le savant Montigny d'une enquête officieuse. On a vu qu'à plusieurs reprises, le Directeur du

(31) *Archives nationales. Conseil de commerce et Bureau du commerce... Inventaire analytique... Introduction*, par Eugène LELONG, Paris, 1900, in-4°, XXVIII. — CONDORCET, *Eloge*..., p. 111, 117.

(32) Arch. d'Ille-et-Vilaine, C. 1493. Le 13 octobre 1752, quelques jours après le passage de notre voyageur à Montrelais, Trudaine père, par une lettre datée de Montigny (près Provins), demandait à l'intendant de lui envoyer des échantillons du charbon de la mine qu'il voulait faire analyser.

Commerce eut recours à ses services pour des questions très diverses : manufactures de drap ou de tapisserie et Salines de Franche-Comté.

Le manuscrit qui renferme le récit des voyages et plusieurs mémoires est conservé à Paris, à la Bibliothèque Mazarine, sous le n° 2840. C'est un volume in-4°, relié, ainsi composé :

1° Voyage dans l'Orléanais, le Blésois, la Touraine, l'Anjou et la Bretagne, fait en 1752 depuis le 9 septembre jusqu'au 23 octobre : 205 pages.

2° Mémoire sur l'exploitation en général des mines de charbon de Montrelais, situées à une lieue au couchant d'Ingrandes-sur-Loire avec l'explication des plans ci-joints (les plans manquent). Fait aux mines de Montrelais, le 27 mars 1756. Signé : Jars, Duham et Grimot : 30 pages.

3° Mémoire tendant à multiplier et perfectionner les fabriques de France (en faveur de la manufacture Holkers : 29 pages.

4° Mémoire tendant à perfectionner les fabriques de France et à faciliter les nouveaux établissements : 25 pages.

5° Projet tendant à perfectionner les fabriques de France. Signature et date autographe : De Montigny, Paris, le 28 novembre 1752. En marge, une note d'une autre écriture datée du 30 janvier 1754 : 11 pages.

6° Toileries de Rouen : 13 pages.

7° « Route de Rouen à Bolbec » (notes sur les manufactures de Caudebec et de Bolbec) : 15 pages.

8° Manufacture de Vernon (visitée le 28 août...) : 12 pages.

9° Observations des syndics de la chambre de commerce de la province de Normandie sur la teinture du Sr François Gonin : 7 pages.

10° Cotoniers, cotons (de Saint-Domingue, de Malte, de Siam, etc.) : 61 pages.

11° Suite d'un mémoire sur l'établissement des fontaines publiques et la distribution des eaux dans la ville de Dole, par F.-R. Fery, 5 juin 1750 : 19 pages.

La plupart de ces mémoires n'ont aucun rapport entre ux : ils ont été groupés par une fantaisie de relieur. Par ontre, il faut chercher dans le mss. 3723, qui provient ussi de la bibliothèque de Montigny, et porte son nom, aux ages 41-80, une notice qui complète un long chapitre du oyage : *Mémoire sur l'exploitation en général des mines e Basse Bretagne...* Il voisine avec des mémoires sur les anufactures du Languedoc et du Lyonnais et sur les manu- ctures royales de tapisserie de Beauvais et des Gobelins [(33)].

Les cent-deux premières pages de la relation du *Voyage* oncernent le pont d'Orléans, la navigation de la Loire, commerce de la généralité, les villes de Blois, Amboise, ours, Saumur, Angers et leur commerce [(34)] ; on trouvera -après le texte des pages 103 à 205 relatives à la Bretagne. n les lisant, on ne doit pas oublier que l'auteur est un tech- cien et un spécialiste ; il n'a vu ou regardé en Bretagne ue les manufactures et les signes extérieurs de l'état écono- ique du pays. Les monuments l'intéressent peu : il ne loue ue le palais du Parlement et la mairie de Rennes et surtout bbaye de Prières ; il a remarqué les clochers à jour du éon, mais ils ne lui ont paru que singuliers. Les sites le issent indifférent ; il a décoché à la jolie ville de Quimper e phrase d'une rare injustice ; et c'est à peine s'il veut en accorder, en suivant la route que domine Chateaulin la profonde vallée de l'Aune, que « ce point de vue est uvage, mais agréable ». Par contre Montigny signale et udie tous les établissements industriels particuliers à la gion, tels que les mines de Montrelais et de Poullaouen, marais salants du Croisic, les magasins de la Compagnie s Indes à Lorient, l'arsenal de Brest, la manufacture des

3) Le catalogue des manuscrits de la Bibliothèque Mazarine note pour s autres volumes qu'ils viennent de la bibliothèque de Montigny; le n° 2350 ces concernant les attributions du Parlement) et les n°s 3596 et 3597 (travaux sentés à l'Académie des Sciences par divers savants de 1750 à 1756).

4) Une analyse et quelques extraits des premiers chapitres ont été publiés M. HERLUISON, *Voyage dans l'Orléanais, le Blésois.... fait en 1752* (*Bull. la Soc. Archéol. de l'Orléanais*. t. XII, 1898-1901, p. 665-669).

tabacs de Morlaix. Il a longuement parlé de l'état des routes : on ne doit pas le ranger toutefois parmi les voyageurs si nombreux (et de nos jours ils le sont plus que jamais) qui ne pardonnent pas à notre pays d'imposer à eux-mêmes ou à leurs voitures des fatigues exceptionnelles. Montigny avait les meilleures raisons de noter l'état des chemins puisqu'il était attaché au conseil des Ponts et Chaussées et qu'il fut dans une certaine mesure le collaborateur de Trudaine, créateur des grand'routes de France. Ajoutons que le *Voyage* a été écrit après le retour de l'auteur à Paris ; cette rédaction tardive a pu faire disparaître le caractère original et spontané qu'auraient présenté des notes prises au jour le jour[35].

Ce document ne présente pas une assez grande importance pour qu'on dût songer à l'enrichir d'une annotation comparable à celle dont MM. Maître et de Berthou ont doté *l'Itinéraire de Bretagne en 1636* de Dubuisson-Aubenay. Nous nous sommes bornés généralement à présenter en note les impressions consignées par des voyageurs contemporains de Mignot de Montigny.

Peut-être, sur les grands chemins de Bretagne, rencontra-t-il M. de Montullé, parti de Paris le 7 septembre 1752, deux jours avant lui. Ce gentilhomme fit aussi le tour de la province, mais en sens inverse, commençant par le Nord et terminant par le Sud. Son journal, conservé à la Bibliothèque de Rouen[36], fournit peu de renseignements ; Montullé, voyageur moins instruit, moins « averti » que

35) Montigny a dû prendre des notes très précises, mais il ne les mit en œuvre qu'après la fin de son voyage. La relation renferme souvent des comparaisons entre un aménagement décrit et un aménagement analogue vu quelques jours plus tard; voir par exemple au chapitre de Lorient les comparaisons avec Brest.

(36) Collection Coquebert de Montbré, n° 1765. — L'auteur rapporte qu'allant du Mont Saint-Michel dans ses terres (le château de Monthorin en Louvigné-du-Désert), il ne vit rien de digne de remarque, sinon une pierre, grosse comme trois barriques de vin, placée en équilibre sur un autre rocher et que l'on pouvait faire remuer en la poussant de la main. — C'est la plus ancienne mention de la pierre branlante du Haut-Montlouvier.

Iontigny, ne fit que des observations assez banales ; on erra plus loin l'aménagement qui attira surtout son atten-on dans la visite du port de Brest (37)

A la même époque, ou peut-être en 1751, un belge qui vait parcouru une partie de l'Europe, visita la Bretagne. n'égara pas sa curiosité dans les mêmes réduits que M. de Iontullé, mais il jugea bon de consigner dans ses papiers (38) u'à l'abbaye de la Joie, près d'Hennebont, on lui avait nontré le parloir très proprement orné de coquillages.

De telles relations de voyage, enfantines et superficielles, e méritent pas d'être publiées. Il nous a semblé au contraire ue le mémoire d'Etienne Mignot de Montigny, si technique u'il soit, si aride peut-être, pourrait intéresser les érudits retons.

H. BOURDE DE LA ROGERIE.

37) Voir *infrà*, note 73.

38) Relation (anonyme) de mon voyage d'Angleterre, de France, Italie, lemagne et Hollande, en 1751, 1752 et 1753 (Biblioth. nat.; Mss. franç. nouv. q. 6281).

VOYAGE EN BRETAGNE
1752

I

ROUTE D'ANGERS A NANTES

Les chemins deviennent désagréables et difficiles au delà d'Angers; à peine a-t-on commencé à faire quelques parties d'empierrements sur cette route d'autant plus pénible pour les voyageurs qu'ils viennent de quitter les chemins superbes des levées de la Loire.

On rencontre beaucoup de rochers d'ardoise depuis Angers jusqu'au château de Serran, actuellement possédé par un négociant de Nantes, frère de M. Welsh (39). On voit encore de l'ardoise par delà jusqu'aux environs d'Ingrande, bourg assez considérable au bord de la Loire. Une partie d'Ingrandes est en Anjou, l'autre en Bretagne. On y perçoit des droits d'entrée et de sortie sur les marchandises qui passent d'une province à l'autre.

Mine de charbon [*de Montrelais*]. — Au village de Monstrelais (40) situé à une lieue et demie d'Ingrandes, on

(39) François-Jacques Walsh (1704-1782), armateur à Cadix, acquit Serrant de la duchesse d'Estrées le 29 juin 1749. Son fils épousa sa cousine germaine, fille de Antoine-Vincent Walsh (1703-1763), négociant à Nantes, que Montigny mentionne plus loin. Le beau château de Serrant (Maine-et-Loire) appartient à l'un de leurs descendants, M. le duc de la Trémoille. Sur la famille Walsh, voir *The foreign branches of the family of Walsh*, par HUSSEY WALSH, Exeter, s. d., in-8°, et *Une famille royaliste irlandaise et française* [par le duc de la TRÉMOILLE], Nantes, 1901, in-4°.

(40) La mine ne se trouve pas sur le territoire de Montrelais mais sur celui d'une ancienne *trêve* de cette paroisse, appelée jadis la chapelle de Montrelais

exploite depuis un an une mine de charbon de terre qui a été anciennement ouverte et travaillée à la superficie de la terre. On fouille actuellement cette mine sous la direction du Sr Mathieu, intéressé dans celles d'Issigny [41] et de Valenciennes. Il est intéressé dans celle-cy pour un tiers avec Mrs de Ch [*sic*] et d'Hérouville [42] qui font les avances de ses travaux. Le Sr Mahieu [43] prétend que cette mine s'étend de l'orient à l'occident dans toute la France passant sur Nort [44] et sur Moulins. Il compte que la fouille de Monstrelais, poussée à 250 pieds de profondeur, rendra par jour quatre ou cinq fournitures de 21 pipes chacune, la pipe pesant 1.100; que la fourniture sera livrée au prix de 260 livres rendue à Nantes où pareille mesure de charbon d'Angleterre se paye à présent 460 livres. Il propose d'établir l'année prochaine sur les puits une machine à feu semblable à celle de Poullawen pour rendre les épuisemens moins dispendieux. Enfin, il a en vue d'établir une verrerie dans le voisinage où le cent de bouteilles qui vaut 21 livres en Bretagne pourroit revenir au plus à 15 francs [45].

et érigée en commune sous le nom de La Chapelle de Saint-Sauveur (arrondissement d'Ancenis, canton de Varades). — Sur ces mines, voir Arch. d'Ille-et-Vilaine, C. 1472, 1491-1494, et Arch. de la Loire-Inférieure, C. 138.

(41) Isigny-sur-Mer (Calvados, arr. Bayeux), port où était embarqué le charbon extrait des mines voisines de Littry.

(42) Le duc de Chaulnes et le comte d'Hérouville de Clayes, colonel au régiment de Haynaut. Quelques documents mentionnent un autre directeur, le chevalier d'Arcy, membre d'une famille d'origine irlandaise bien connue dans l'histoire des mines de France. D'Arcy était intéresssé dans les mines du Poullaouen et tenta d'exploiter les gisements de charbon du cap Sizun. Le comte d'Hérouville fut associé à plusieurs entreprises industrielles et agricoles, notamment au desséchement des Moëres, près de Dunkerque. Michel Ferdinand d'Albert d'Ailly, duc de Chaulnes, fut gouverneur de Bretagne de 1750 à 1753.

(43) Inspecteur des mines chargé d'étudier les gisements dont Chaulnes et Hérouville demandaient la concession (Arch. Ille-et-Vil., C. 1491).

(44) Chef-lieu de canton de l'arrondissement de Châteaubriant; nous ne savons où se trouve Moulins. Entre Nort et Montrelais existe le gisement de Mouzeil (arrondissement d'Ancenis, canton de Ligné). La concession des mines de Nort fut accordée à Simon Jarie, de Nantes, par lettres patentes du 15 juillet 1746.

(45) La verrerie fut établie tout près de Montrelais, mais dans la commune d'Ingrandes (Maine-et-Loire); elle fut dirigée par les familles de Muller et de Raspieller et par des verriers venus d'Alsace, de Suisse et de Franche-Comté.

Depuis que l'on a repris l'exploitation de cette mine, on a déjà creusé cinq puits de 150 pieds de profondeur ; on travaille présentement à les joindre par des galeries souterraines de 50 à 60 toises de longueur. J'ai été dans la première galerie d'un des puits, dans celle qui sert à la décharge des eaux, ouverte d'un côté dans un vallon et de l'autre dans le puits à 40 pieds de profondeur environ. J'ay vu les veines de charbon de terre, elles n'ont en cet endroit que cinq à six pouces d'épaisseur, à la profondeur de 150 pieds. Les veines de charbon sont ici presque verticales, mais un peu inclinées (?) elles sont comprises entre deux bancs de rocher. On tire à présent du charbon par un puits qui suit la direction de la veine et dont l'inclinaison est peu considérable. Au haut de ce puits est un tas de charbon de terre en magasin estimé 2.400 livres. L'apportoir de charbon pesant 150 livres se vend 30 sols sur la mine aux forgerons d'Ingrandes et du voisinage.

Les puits de ces mines ont cinq à six pieds d'ouverture en carré; ils sont intérieurement garnis de cadres de bois placés les uns au-dessus des autres et appuyés sur des pièces de bois debout dont les quatre angles sont garnis du haut en bas; les parois sont garnies au pourtour de fascinage et de planches pour la sûreté des travailleurs. On enlève les eaux et le charbon par des machines semblables à celles du puits de Bicêtre ou des ardoisières d'Angers dont les câbles portent des seaux pour les épuisements ou des caisses carrées qu'on nomme « apportoirs » pour tirer le charbon de terre.

Cette mine manque à présent de débouché, les chemins d'Ingrandes à Monstrelais étant presque impraticables pour les voitures (46).

(46) Un mémoire de 30 pages sur l'état de la mine de Montrelais, daté du 27 mars 1756, est relié à la suite du *voyage* que nous publions dans le Mss. 2840 de la Bibliothèque Mazarine; il vient comme le *voyage* du chartrier de Montigny.

Avant qu'on eut entamé cette exploitation, quelques particuliers d'Angers ont formé une compagnie et commencé à mettre en valeur de pareilles mines de charbon de terre sur les paroisses de Saint-Aubin et de Luigné [47] en Anjou séparées d'Ingrandes par la Loire. Ces particuliers espéraient obtenir un privilège. Ils sont aujourd'hui traversés par les concessionnaires de la mine d'Ingrandes et portent des plaintes au Conseil, représentant que le charbon de terre est fort cher dans la province d'Anjou ainsy que dans la Bretagne, qu'il seroit avantageux pour le public de faire travailler les mines de Saint-Aubin et des environs en concurrence avec celles de Monstrelais et que si l'on arrête leurs travaux pour favoriser l'exploitation de la mine de Bretagne, on leur fera perdre 12.000 livres d'avances.

II

ROUTE D'INGRANDES A NANTES

On trouve encore des roches ardoisées au delà d'Ingrandes et quelques roches blanches plus dures qui ressemblent au spat. Dans ces cantons et dans presque tout le territoire de Bretagne toutes les roches se débitent par feuilles [47 bis]. On en trouve communément une espèce toute talqueuse qui semble être métallique par la quantité de paillettes dorées qu'elle contient, mais elle est très légère quoique dure. Les chemins d'empierrement en sont couverts et la plupart des maisons en sont bâties.

A quatre lieues d'Ingrandes on traverse la petite ville d'Ancenis où l'on a tenu plusieurs fois les Etats de Bretagne.

(47) Saint-Aubin-de-Luigné. (Maine-et-Loire, arrondissement d'Angers, canton de Chalonnes).

(47 *bis*) L'auteur ne paraît pas avoir connu exactement l'état géologique de la Bretagne; les roches schisteuses qu'il semble vouloir décrire ici ne se rencontrent que dans certaines parties de la province.

A quelques lieues au delà du côté de Nantes, on passe la prairie de Mauve au bord de la Loire dont la traversée est fort agréable.

Les Etats de Bretagne ont fait travailler dans beaucoup d'endroits sur la route d'Ingrandes à Nantes, mais les empierrements ne sont point encaissés. Ce sont de grosses pierres étalées sur la surface du chemin. On ne casse point ces pierres à la masse; elles se présentent sur la pointe et rendent le chemin impraticable, aussy n'a-t-on garde de s'engager sur ces pierres. Elles sont presque partout couvertes d'herbe et d'épines et les accotements des deux côtés sont en ruines. Il en est de même de la plupart des autres routes de Bretagne, excepté celle de Rennes à Saint-Malo et celle de Rennes à Brest jusqu'à Morlaix qui toutes deux sont un peu mieux faites. Tous les autres chemins de la province ont coûté beaucoup de dépenses et de travaux en pure perte. Tout se fait à la corvée excepté les ponts.

III

NANTES

Nantes est une ville florissante par son grand commerce tant au dedans qu'au dehors du royaume. Ses principaux objets sont le commerce de Cadix et celui du Nord, la traite des nègres, celle des blés, les productions de nos colonies américaines, le sucre, l'indigo, le coton, le café des îles. On y fait aussi commerce d'eau-de-vie, de vin nantais, de vin d'Espagne et de Bordeaux.

Les nantais envoient tous les ans vingt ou trente vaisseaux à la traite des nègres, chargés de cotonnade, de tabac, de cauris et d'eau-de-vie. On les oblige de porter sur la côte d'Afrique du tabac des fermes qu'ils payent 20 sols au lieu du tabac d'Hollande qu'ils achetoient deux sols la livre.

La ville de Nantes a 190.000 livres de rente en deniers patrimoniaux. Elle est partagée en deux parties ou plutôt en deux villes qui ne se ressemblent point du tout pour le coup d'œil. L'ancienne, entourée de fossés et de murs est mal bâtie et mal percée; la nouvelle ville qui s'étend au long de la Loire et qu'on appelle le quartier de la Fosse est toute composée de maisons neuves à quatre ou cinq étages, bâties en pierre de taille et passablement ornées au dehors. Le plus bel édifice de Nantes est la Hollande ou la Bourse (48), bâtiment isolé, d'assez bon goût, accompagné d'une terrasse plantée d'arbres, au bord de la Loire, à l'entrée du quai. A la vue de cette terrasse est l'isle Feydeau, quartier tout neuf, où l'on élève de tous côtés des maisons considérables sur des rues bien alignées et sur des quais dont la vue est très belle.

Le bas de ces maisons jusqu'au premier étage est bâti en granit, pierre très-dure qui ne peut se tailler qu'à coups de pointe. On la tire dans les faubourgs de Nantes; sa principale carrière est à l'extrémité de la Fosse; elle y vaut environ 30 sols le pied cube mais la taille la rend beaucoup plus chère. On parvient à y tracer au ciseau des moulures assez nettes. Je n'ay pas vu de coin dans la Bretagne où je n'ai trouvé des rochers de granit, matière qui manque absolument dans d'autres provinces.

Les ponts de Nantes qui rejoignent un grand nombre d'isles et dont la longueur est d'environ trois quarts de lieue sont aussy presqu'entièrement construits en granit; c'est de cette matière que sont faits les revêtements et les tours du château bâti par les ducs de Bretagne. Les murs de la ville sont partie de granit et partie de pierres noires schisteuses rangées par couches alternatives. Au-dessus

(48) La Hollande est le nom de la place sur laquelle la Bourse fut bâtie de 1723 à 1733 par l'ingénieur Delafond et les entrepreneurs Jean et Louis Laillaud.

du premier étage toutes les maisons des nouveaux quartiers sont bâties en pierre blanche des bords de la Loire.

La main-d'œuvre est chère à Nantes; cette ville ne convient point aux manufactures. Le Sr Sousrobert, fabricant de Lyon, le premier qui ait présenté au Conseil des échantillons de velours de coton fabriqués en France, a voulu former dans cette ville une fabrique d'étoffes nouvelles en coton, mais son projet a très-mal tourné. Je l'ay trouvé n'ayant pour toute fabrique que deux métiers sur lesquels il essayait des cotonnades rayées pour meubles, et j'ai été peu satisfait de ses essais. Il m'a dit qu'il était à la veille de quitter Nantes.

Je me suis informé à Nantes du prix des cotons des isles : on m'a dit qu'ils étaient tombés depuis un mois à 50 écus le quintal et qu'ils valaient en Amérique 210 livres. Cette différence de prix vient de ce que notre argent augmente aux îles en valeur numéraire : notre écu de 6 francs s'y compte pour 9 livres.

Constructions. — On construit à Nantes au bord du quay, au long des maisons. On y fait de petits bâtiments qui portent jusqu'à 500 tonneaux et qu'on arme de huit canons. Mais ils ne peuvent être équipés qu'à Paimbeuf, où l'on charge et décharge les marchandises pour la ville de Nantes.

On parcourt le chantier en allant à l'Hermitage, couvent de capucins très célèbre pour sa belle vue. J'ai vu avec plaisir en me promenant sur ses terrasses arriver avec la marée montante un très grand nombre de gabarres et autres petits bâtiments à la voile qui remontent tout le jour, quand le vent est bon, et qui arrivent presque tous à la fois pour déposer dans les magasins de Nantes les marchandises qu'ils apportent de Paimbeuf. La charge de ces gabarres est de deux à trois cent tonneaux.

Leur grand concours, dont la durée est de deux ou trois heures au plus, rend assez difficile l'exécution d'un projet formé par les fermiers généraux tendant à établir à l'entrée du quai un bureau de douane pareil à celui qu'ils ont à Rouen, où les négociants seraient obligés de décharger leurs marchandises pour les faire peser dans la cour. Les négociants de Nantes assurent que cette sujétion porterait à leur commerce un préjudice de plus de 500.000 livres par année.

Les principales maisons de commerce à Nantes sont celles de Mrs Welsh, Grow, Michel, Montaudouin, etc. (49).

Un assez grand nombre de négociants nantais ont des possessions en Amérique.

IV

ROUTE DE NANTES A LORIENT

La route de Nantes à Lorient traverse un pays peu fertile. A la Roche-Bernard, on est arrêté par la Vilaine dont le lit est resserré entre deux rochers d'où elle s'écoule vers la mer; on y passe cette rivière dans un bac sans corde, assez près de son embouchure. L'envie de voir des marais salants nous a conduits à Prières, riche abbaye régulière de bernardins de la filiation de Clairvaux. La maison est vaste, bien bâtie et bien distribuée; elle est accompagnée d'un jardin spacieux dont une partie s'élève en terrasses à la vue de la mer. L'église qui est très grande est d'une architecture moderne, simplement et noblement ordonnée. Les grilles du chœur sont de très beaux ouvrages de serrurerie.

(49) Guillaume Grou de la Villejean (1698-1774), armateur, construisit le magnifique hôtel appelé aujourd'hui hôtel de la douane; il légua 200.000 l. aux hôpitaux pour fonder un orphelinat. L'armateur Gabriel Michel fut aussi directeur de la Compagnie des Indes et trésorier général du corps d'artillerie et du génie maritime. La famille Montaudouin donna pendant plus d'un siècle à Nantes et à la France des négociants et des économistes remarquables) Mignot de Montigny veut probablement parler de Jean-Gabriel Montaudouin qui provoqua en 1757 la fondation de la Société d'agriculture de Bretagne (cf. LEVOT, *Biographie*... ; KERVILER, *Biobibliographie*... ; EXPILLY, *Dictionnaire*...). — Sur Walsh, voir ci-dessus note 39.

Cette église est à tous égards la plus belle qui soit en Bretagne, et le couvent peut servir de modèle à tous les moines qui voudront bâtir (50).

Marais salants. — Les religieux de Prières possèdent et entretiennent sur la plage deux cents œillets de marais d'où ils tirent une partie de leur revenu.

Le sol de ces marais est une espèce de glaise de couleur grise; on la dresse avec soin en un plan presque horizontal, que l'on divise ensuite en un assez grand nombre de compartiments de figure carrée plus ou moins allongée. Ces carrés séparés les uns des autres par de petits rebords ou sentiers bien dressés qu'on nomme des ponts sont autant de bassins qui reçoivent successivement l'eau de la mer et se déchargent l'un dans l'autre. On ne fait que rompre le pont d'un coup de bèche pour ouvrir la communication de deux bassins.

La mer au temps des marées montantes s'élève contre les glacis extérieurs du marais. On la reçoit dans des cuvettes qu'on nomme étiers d'où elle coule par une bonde dans un grand réservoir où elle se repose et s'échauffe au soleil pendant quelques jours. De ce réservoir qu'on nomme la vasière, elle coule dans le cohabier, canal pratiqué à la tête du marais; c'est de là qu'elle coule dans les appartenances, premiers bassins rangés au pourtour de la saline; après qu'elle s'est échauffée et considérablement évaporée, dans ces bassins, on la fait couler dans les adhernes, autre suite de bassins qui la déchargent enfin dans les œillets lorsque le sel est prêt à se cristalliser. Les œillets occupent le centre de la saline et peuvent se dégorger par de petits ruisseaux qu'on nomme les délivres.

(50) L'église avait été construite de 1716 à 1726 par Olivier Delourme, de Vannes, sous le contrôle de De Cotte, architecte des bâtiments du Roi; elle a été démolie en 1857. Piganiol de la Force (Edition de 1754) donne une description de ce monument très admiré au XVIIIe siècle.

L'ensemble de tous ces bassins entretenus avec la plus grande propreté et distribués avec beaucoup d'art et de symétrie présente aux yeux un parterre d'eau dont l'effet est très agréable.

Le sel est environ dix jours à se former par évaporation dans ces labyrinthes lorsque le temps est favorable; il ne faut que sept jours lorsque l'air est bien sec. Ce travail commence à la mi-mars et finit ordinairement en septembre. Quand il est une fois commencé, si le temps reste serein, on retire tous les jours du sel. Les paludiers le ramassent deux fois par jour à midy et à cinq heures du soir. Ils tirent le sel avec des rateaux et l'accumulent sur de petites plate-formes rondes qu'on nomme ladures, ménagées exprès à tous les angles des œillets. Chaque marais contient 30, 40 et jusqu'à 50 œillets de 30 pieds de long sur 50 de large et 5 à 6 pouces de profondeur. On ramasse dans des corbeilles le sel accumulé sur les ladures et l'on en fait, hors du marais, des meules de plusieurs milliers de muids que l'on couvre de paille ou de jonc marin pour les garantir de la pluie.

S'il vient de la pluie pendant que les eaux sont en évaporation dans le marais, tout est perdu. Il faut vuider la saline, et, lorsque le temps redevient sec, recommencer l'opération. On estime que chaque œillet de marais peut fournir de sept à huit cents livres de sel, année commune. Le sel de Prières s'est vendu cette année 12 francs le millier.

Les principales salines de Bretagne sont celles de Bourgneuf, de Saint-Nazaire, de Guérande et du Croisic. Elles fournissent presque tout le sel que les Anglois et les Hollandois consomment pour leurs salaisons; ces nations préfèrent le sel de Bretagne à ceux d'Espagne et du Portugal, parce que ces derniers ont une acreté qui les rend moins propres aux mêmes usages.

Le Roy se réserve chaque année sur toutes les salines du royaume 15,000 muids de sel, mesure de Paris, pour remplir ses greniers à sel, tant dans les provinces libres et de vente volontaire que dans les provinces d'impôt. Ce sel est taxé à 20 francs la charge du poids de 6.720 livres. Le muid de sel, mesure de Paris, pèse environ 2.800 livres.

*
* *

En sortant de Prières, on reprend le grand chemin à Musillac qui n'en est éloigné que d'une demie-lieue. Rien de remarquable jusqu'à Vannes, ville qui paroit grande et peuplée, mais dont la traversée est très-pénible tant par la grande inégalité de son terrain que par le détestable pavé dont les rues sont hérissées. On le croiroit fait par des sauvages. Les bâtiments de Vannes ne présentent rien qui invite le voyageur à s'arrêter.

On passe les petites villes d'Auray et d'Hennebont dans les petites villes auxquelles elles donnent leurs noms (51) sur des ponts placés à la tête de leurs embouchures. On trouve d'Hennebont à Lorient une partie de chemin assez belle en empierrement. Enfin l'on passe dans un bac la rivière de Pontscorf sous le canon de Lorient.

V

LORIENT

Cette ville naissante est fort jolie, bien percée, bien peuplée et proprement bâtie (52). Elle semble destinée à devenir très considérable. Les embouchures réunies des

(51) L'auteur a voulu dire : on passe les rivières d'Auray et d'Hennebont dans les petites villes qui leur donnent leurs noms...

(52) Les rues régulières et les maisons neuves de Lorient plaisaient aux voyageurs fatigués des pavés et des vieux logis bretons. En 1780, Desjobert coucha à l'hôtel de l'Epée Royale dans le meilleur lit « que j'aie eu depuis mon départ de Paris »; il soupa « avec le meilleur merlan que j'aie mangé de ma vie »; au café de l'Union, beau et très proprement tenu, il but une

rivières de Pontscorf et d'Hennebont en forment le port et la rade, tous les deux bien vastes et suffisamment défendus.

La Compagnie des Indes renferme à Lorient sa marine, ses troupes et tout son commerce. Elle y jette les fondements d'un des plus beaux arsenaux du royaume; ses magasins totalement achevés remplis de marchandises de l'Inde dans le temps des ventes offrent un spectacle intéressant. Ils sont distribués en de longues galeries fort élevées dans l'intérieur de quatre corps de logis immenses qui renferment une cour très vaste. A l'intérieur ils sont entourés d'une autre enceinte de bâtimens plus bas dont la Compagnie fait des magasins particuliers et des dépôts à l'usage des commerçans qui viennent aux ventes. Tous ces bâtimens s'étendent au long du port. A quelque distance, sur la même ligne, on élève les magasins du port destinés à contenir les armemens et désarmemens de chaque vaisseau. Assez près, et toujours à la vue du port, est l'hôtel de la Compagnie qu'on va rebâtir : c'est la maison qu'habite le commandant. Plus loin sont les chantiers de construction et les ateliers de toute espèce qui travaillent pour la marine

Derrière ces bâtimens, en face d'une belle place carrée plantée d'arbres où l'on exerce les troupes de la compagnie, est situé l'hôtel des ventes qui n'est pas encore achevé. Il est séparé de la place par une longue grille et n'est à présent composé que de deux ailes bien bâties aux deux côtés d'une grande cour. On doit les rejoindre dans la suite par un grand corps de logis en face de la grille.

On continue ces édifices à proportion des fonds que la Compagnie peut y fournir; mais, tout ce qu'on exécute par parties dépend d'un projet général dont j'ai vu les plans et

...rt bonne carafe d'orgeat. Il jugea les magasins de la Compagnie superbes ... réguliers, « cette ville est une des plus propres que j'aie vue, on y peut ...ler en bas de soie blancs, malgré la pluie parce qu'elle est fort bien pavée. ... dos d'âne et qu'il ne s'y amasse point de crotte. »

dont la distribution m'a paru très belle. C'est l'ouvrage de M. Guillois, ingénieur [53].

Marine. — Les vaisseaux de la Compagnie sont au nombre de soixante-cinq, dont dix-huit ou vingt sont employés à faire le commerce d'Inde en Inde. Les plus forts vaisseaux à Lorient sont de 74 canons; le plus grand nombre est de 64; ceux qu'elle occupe dans les Indes sont beaucoup plus petits. Les vaisseaux de 64 portent quatorze à quinze cent tonneaux. Ils reviennent avec leur artillerie à 1.500.000 livres; le seul corps du vaisseau revient à 250.000 livres.

Un navire ne fait guère que six voyages d'Europe aux Indes. Ceux qui vont en Chine mettent ordinairement dix-huit mois à leur voyage dont ils passent quatre ou cinq mois à Canton. Ceux qu'on charge pour l'Inde vont et reviennent en moins de dix mois.

Les vaisseaux qui séjournent dans les rades des Grandes-Indes sont fort sujets à être endommagés par les vers. Pour les en garantir on est obligé de leur faire un doublage qui les rend plus pesans. On applique une toile cirée sur toute la surface des bordages et, par-dessus cette toile, on couvre toute la partie qui doit plonger de planches de sapin garnies de bourre de poil de bœuf. On maillette ces planches avec le bordage : c'est-à-dire qu'on chasse de l'un à l'autre un prodigieux nombre de cloux à tête très large si serrés que la carène paraît revêtue d'une cuvette de fer. Par dessus ce doublage on étend un enduit de couleur jaune composé de colophane, de soufre et d'huile bouillis ensemble. C'est le seul moyen qu'on ait encore trouvé pour conserver les vaisseaux dans les mers des Indes. J'ay vu les opérations

(53) En outre de ses grands travaux pour la Compagnie des Indes, l'ingénieur-architecte Guillois collabora à la construction de quelques édifices religieux du pays : l'église d'Arzano en 1733, le chœur et les voûtes de la cathédrale de Vannes en 1768 et années suivantes.

du doublage et du mailletage, opérations particulières au port de Lorient.

On charge les vaisseaux dans le port d'une façon très-simple et très-commode au moyen de plusieurs pontons établis à demeure au long du quay. Ce sont de vieux vaissaux rasés au-dessus de leur pont et rangés près du quay, à sa hauteur. De l'un à l'autre passent de grosses pièces de bois couvertes de madriers : le ponton et le quay se trouvent de niveau. On amène près de ces pontons les navires qu'on veut mettre en charge. Ils trouvent à la hauteur de leurs sabords une vaste plate-forme sur laquelle on amène commodément les ballots, les barriques et tout ce qui doit entrer dans leur chargement. J'ay été surpris de ne point trouver cette avantageuse disposition établie dans les ports du Roy. Tous les chargements s'y font par des canots ou par des barques de port avec plus de peine et plus de risque pour tous les objets qu'on embarque. Les navires ne peuvent pas prendre toute leur cargaison dans le bassin de Lorient; on achève de les charger en rade.

La machine à mâter du port de Lorient est à peu près la même que celle de Brest, mais beaucoup moins composée. Elle est faite de trois pièces de mâts, deux debout mais inclinées, rejointes vers le haut par la troisième, toutes trois étayées à droite et à gauche par des haubans. La machine à curer le port est la même à Lorient et à Brest. Toutes deux portent de grandes cuillères qui s'ouvrent par le fond et qu'on enlève par le moyen d'un tambour où marchent des hommes.

Les trois cales de construction sont plus solides et mieux disposées que celles de Brest. On n'y voit point arriver d'accident lorsqu'on lance les vaisseaux à la mer.

J'ay eu le plaisir de voir à Lorient des navires en toutes sortes d'états, les uns en chantier, d'autres nouvellement lancés à la mer, quelques-uns en chargement, un en carène, deux en rade tout équipés et montés de leur équipage, l'*Auguste* et le *Lys*. J'ay été à bord du *Lys* où j'ay examiné la distribution du chargement, des munitions de bouche et de guerre. Nous étions conduits par M. d'Après[54], capitaine des vaisseaux de la Compagnie.

J'ay vu avec le Sr Cambry, constructeur[55], tout l'intérieur d'un vaisseau déchargé et toute la charpente d'un vaisseau en construction. J'ay appris de lui le nom et l'usage des principales pièces qui forment le corps d'un vaisseau, comment les *couples* ou les *membres* sont boulonnés sur la quille, comment s'assemblent sur les côtés les parties qui composent les couples, les *varangues* qui portent sur la quille, les *genoux* qui s'ajoutent aux varangues, les premières, secondes et troisièmes alonges, enfin les *alonges de revers* qui terminent les membres par en haut. Tous ces membres sont entièrement revêtus au dehors par le *bordage*, au dedans par le *vaigrage;* dans l'intérieur du vaisseau, à sa partie la plus basse, est une espèce de quille intérieure qu'on appelle *carlingue*; c'est dans cette pièce qu'est reçue l'extrémité inférieure du grand mât. Elle est traversée de distance en distance par les ponts de grosses pièces de bois qui servent à fortifier les flancs du navire. Les poutres qui soutiennent les ponts se nomment *beaux*, ils sont fortifiés par des pièces en console connues sous le nom de *courbes*. On nomme *apôtres* les grosses pièces qui sont rangées en rayons près de l'étrave et qui forment avec elle la proue du vaisseau. Ces *membres* de l'avant sont intérieurement appuyés sur de très-grosses pièces horizontales qu'on nomme *couronnes* et *guirlandes*. Celles qui leur répondent à la poupe se nomment *barres d'arcasse* et *lisses d'ourdis*. On donne le nom de *galerie* au balcon saillant de la proue et celui de *bouteille* aux cabinets de commodité

(54) J.-B. Nicolas-Denis d'Après de Manevillette (1707-1780), auteur en 1745 du célèbre *Neptune Oriental*, conservateur en 1767 du dépôt des cartes et plans de la navigation des Indes.

(55) Gilles Cambry, constructeur entretenu des vaisseaux de la Compagnie, père de Jacques, auteur du *Voyage dans le Finistère*.

qui l'accompagnent. Les pièces qui reçoivent les abouts des mâts de beaupré et d'artimon s'appellent *carlingue de beau-pré, carlingue d'artimon*. On nomme [*en blanc*] les grosses pièces qui servent à arrêter le câble de l'ancre. Les *dunettes* sont les plates-formes des deux gaillards ou châteaux à l'avant et à l'arrière. Les *épontilles* sont des pièces debout qui servent d'étais sous les beaux; plusieurs sont attachées en bas par des charnières qui donnent la acilité de les abattre pour la commodité des manœuvres. es ouvertures supérieures des ponts se nomment *écou-illes*. On appelle *croissant* une pièce ronde de l'entrepont qui traverse le vaisseau d'un bord à l'autre; c'est sur cette ièce que tourne l'extrémité de la barre du gouvernail.

Le plus grand angle que puisse faire le gouvernail avec a quille est ordinairement de 30 degrés de chaque côté. a plus grande longueur d'un vaisseau de 74 canons est e 180 pieds et sa plus grande largeur est égale à la plus rande hauteur du vaisseau, c'est-à-dire à la distance com-rise entre sa quille et le dessus de sa dunette d'arrière.

Les vaisseaux de la Compagnie ont toutes leurs courbes bois. Sur les vaisseaux du Roi, les courbes sont en fer; s courbes de bois me paraissent préférables à cause de ur élasticité, et d'ailleurs elles rendent le navire plus omogène. C'est la rareté des bois courbes qui les a fait andonner dans la marine du Roy. La Compagnie pporte de l'Ile de France les bois qu'elle emploie à cet age.

Les cordages se distinguent en manœuvres de *haubans* manœuvres de *grelins* : ces derniers sont de trois fils mmis sur un toupin, les autres sont roulés à l'ordinaire. Les roulettes des poulies que l'on distingue en *caps de outons*, *caliornes* et *garcettes* sont toutes faites de bronze de bois de gayac.

Lorsque j'ai visité dans la rade de Lorient toutes les rties du *Lys*, vaisseau presqu'entièrement chargé qui se disposait à partir pour les Grandes-Indes, j'ay été saisi de la chaleur et de la mauvaise odeur de la cale. Il serait à souhaiter qu'on établit sur les vaisseaux de la Compagnie et sur ceux du Roy des cheminées à l'anglaise propres à renouveler l'air de la cale par une disposition très-simple de quelques tuyaux échauffés par le feu de la cuisine. Cette précaution rend les vaisseaux beaucoup plus sains; elle est présentement en usage sur un grand nombre de vaisseaux nantais; et M. Hocquart, capitaine des vaisseaux du Roy, m'a dit à Brest qu'il s'en étoit très bien trouvé au premier essay.

Le bassin ou le port de Lorient est séparé de la rade par une chaîne flottante amarrée sur des ancres ou corps morts; cette chaîne s'ouvre et se ferme tous les jours. Les principales défenses de Lorient du côté de la mer sont le Port-Louis et la batterie de Larmor, situés de part et d'autre de la rade. On pourrait y ajouter un fort situé sur l'isle Saint-Michel que la Compagnie n'a point encore pu acheter des Pères de l'Oratoire. La rade est bien garnie, au temps des ventes, de vaisseaux anglois, hollandois, suédois, de vaisseaux de Nantes, de Saint-Malo, de Marseille, de Bourdeaux et de Bayonne.

Commerce. — Quelques jours avant la vente, les échantillons de toutes les espèces de marchandises apportées par la Compagnie sont exposées dans les magasins. Les ventes se font dans une salle très-vaste où tous les commerçants sont rangés sur un amphitéatre. Les commissaires de la vente assis dans un bureau vis-à-vis d'eux ordonnent les criées et marquent les adjudications en frappant un plat d'un coup de baguette. Ces adjudications se font très promptement et très noblement : on voit vendre dans une matinée pour deux ou trois millions de marchandises. Une vente de vingt à vingt-cinq millions dure quinze jours ou trois semaines au plus (56). La Compagnie envoie tous les ans douze à quinze navires aux Grandes-Indes, dont deux sont chargés pour la Chine. Cette année, les vaisseaux ont rapporté deux millions pesant de thé, beaucoup de café de Moka et de Bourbon, beaucoup de soie de Chine et des Indes, une très grande quantité de mousselines et d'étoffes des Indes, mais peu de porcelaines et point de Perses. Le café de Moka de 1751 s'est vendu à l'ouverture de la vente 40 sols 6 deniers, celui de cette année 38 sols 6 deniers. Le café de Bourbon 17 sols 9 deniers, le poivre 22 sols, les cauris 16 sols 6 deniers. Le prix du café de Moka est baissé de 10 sols depuis l'année dernière; celui de Bourbon s'est soutenu au même prix (57).

Coton. — J'ai rapporté de Lorient des échantillons de cotons de l'île de France et de l'île Bourbon qui m'ont été donnés par M. d'Apres. Sur l'avis de M. de la Bourdonnaye, les colons de ces deux îles se sont adonnés à la culture des cotoniers; ils vendent avec bénéfice à la Compagnie leurs cotons épluchés 6 sols la livre, et ceux qui ne sont pas épluchés 3 sols. La Compagnie les porte à Bengale où elle les vend 20 sols la livre. Ces plantations auraient pu s'étendre et devenir un assez gros objet de commerce, mais plusieurs particuliers n'ayant point eu de réponse des directeurs de la Compagnie sur la destination de leur coton

(56) Un jeune commerçant d'Orléans qui faisait en Bretagne un voyage d'affaires, Boucher de Mézières, a décrit dans une lettre du 11 novembre 1766 la fièvre et l'émotion des marchands en gros qui venaient de tous les points du royaume prendre part aux ventes des *retours* faites par la Compagnie (TECHAM, *Trois lettres de 1766*, dans le *Fureteur Breton*, n° de février-avril 1922, p. 101).

(57) Le voyageur anonyme belge a noté qu'à Lorient la Compagnie envahit tout et empêche les habitants de faire aucun commerce. Au contraire, M. de Montullé dit que tout le monde fait le commerce et s'intéresse aux pacotilles, même les femmes d'officiers de la Compagnie des Indes. C'est aussi ce qu'écrit Bernardin de Saint-Pierre : « Les honnêtes gens s'entretiennent de l'Ile de France et de Pondichéry comme s'ils étaient dans le voisinage. Vous pensez bien que les tracasseries de comptoir arrivent ici avec les pacotilles de l'Inde, car l'intérêt divise encore mieux les hommes qu'il ne les rapproche ».

ont mis le feu aux plantations qu'ils avaient faites. On dit que c'est par la négligence de M. David.

Tous les cotons qui se travaillent à Bengale viennent de Surate. Plusieurs officiers des vaisseaux de la Compagnie m'ont assuré qu'on ne connaissait point l'usage des cardes aux Grandes-Indes, et que tous les cotons filés, ceux mêmes qui s'emploient dans les plus belles mousselines sont acconnés ou simplement divisés avec les mains. La Compagnie devrait s'attacher davantage à favoriser la culture des terres dans ses colonies; le moyen le plus simple et le plus efficace serait d'assurer d'avance aux colons l'emploi d'une certaine quantité de chaque espèce de denrée qu'ils cultivent. La canelle croît naturellement dans les bois de l'île de Bourbon; toute sauvage qu'elle est, elle a beaucoup de parfum. On la rendrait sans doute meilleure par la culture et l'on ne pense point à en faire usage.

Les troupes de la Compagnie des Indes montent à six ou sept mille hommes, dont quatre cent sont employés à Lorient pour la garde du port et de la ville. Elle embarque incessamment 300 hommes pour l'isle de France et 1.200 hommes pour Pondichéry.

La ville est défendue du côté de la campagne par une enceinte de murs garnis de bastions et de demies-lunes bien entretenues. M. Le Godeux (58) qui commande dans la ville et dans le port gouverne lui seul les constructions, les armemens, les désarmemens, les chargemens des vaisseaux et les troupes de la Compagnie.

Le Port-Louis. — Les fortifications de cette place importante et de son château sont nouvellement rétablies sous la

(58) Les archives de la Compagnie des Indes conservées au port de Lorient comprennent 3.000 lettres des années 1748 à 1761 provenant du directeur Godeheu. Il appartenait à une famille qui fournit plusieurs directeurs ou employés supérieurs à la Compagnie; le plus connu est celui qui fut chargé en 1753 de relever Dupleix dans le commandement des établissements français des Indes orientales.

direction de M. de la Sauvagère, ingénieur du Roy [59]. Le château peut contenir trois bataillons; il est bien garni d'artillerie. Les rochers qui l'environnent du côté de la mer en rendent l'accès très difficile. La ville est défendue par quelques ouvrages extérieurs du côté de la campagne, et la côte par quelques batteries [60]. Le Roy n'a point de marine au Port-Louis.

L'isle de Grouais scituée à quatre lieues de Lorient, en face de la rade, a deux lieues de longueur d'une pointe à l'autre; elle appartient toute entière à M. le prince de Guéméné auquel elle rapporte 20.000 francs par an. Les habitans qui sont au nombre de 2.000 vivent en commun; ils connaissent à peine l'usage des portes et point du tout celuy des serrures; c'est moins l'effet de leur confiance réciproque que celuy de leur pauvreté. Ils font commerce de poisson salé et d'huile de poisson. La pêche est abondante dans les anses de cette isle où j'ay vu prendre de fort beau poisson en quantité. La pêche des sardines fait le principal commerce de l'isle de Grouais [61].

(59) Sur Félix-François Le Royer d'Artezet de la Sauvagère (1707-1787), voir la *Biographie universelle* dite de MICHAUD, t. XL, p. 481-484, et H. BOURDE DE LA ROGERIE, *Notes et documents* (*Bull. de la Soc. Archéol. d'Ille-et-Vilaine*, t. XLVIII, année 1920, p. 103-106). Cet ingénieur fut aussi un historien, un archéologue et un naturaliste; ses œuvres renferment beaucoup de théories et d'hypothèses très aventurées; cependant on peut trouver des renseignements curieux sur l'état au XVIIIe siècle des monuments mégalithiques de Belle-Isle et de Carnac dans ses *Recherches sur les antiquités de Vannes* publiées en 1755.

(60) L'officier d'administration Sevin de Chantgale écrivait en 1775 : Port-Louis « n'est plus qu'une malheureuse bicoque où se retirent les gens affamés et ruinés de toutes les parties du monde ». On entretenait les fortifications pour la protection de « la ville de Lorient si nouvellement établie et qui s'est accrue comme un champignon pour périr de même. » (*Bull. Soc. Archéol. du Finistère*, t. VIII, année 1880-1881, p. 76-79).

(61) Bernardin de Saint-Pierre : « J'ai vu des murs de la citadelle [de Port-Louis], l'horizon bien noir, l'île de Groix couverte de brumes, la pleine mer fort agitée : au loin de gros vaisseaux à la cape; de pauvres chasse-marées à la voile entre deux lames; sur le rivage des troupes de femmes transies de froid et de crainte; une sentinelle à la pointe d'un bastion, tout étonnée de la hardiesse de ces malheureux qui pêchent, avec les mauves et les goëlands au milieu de la tempête ».

VI

ROUTE DE LORIENT A BREST

Les chemins sont praticables, mais le pais est assez stérile entre Lorient et Quimperlay. Au sortir de cette petite ville, il faut franchir une montagne très-haute et très-longue. Elle est suivie d'un grand nombre d'autres jusqu'à Kimper-Corentin où l'on arrive à peine à la nuit en partant de Lorient de fort bonne heure. Kimper n'a de remarquable que la difficulté d'y arriver, celle d'en sortir et le peu d'envie que l'on a d'y rester (62). Au delà sont des montagnes très hautes, hérissées de pointes de rochers sur lesquelles nous avons fait sept lieues en quatorze heures d'une marche très-pénible

(62) Quimper est une ville charmante; le séjour y est agréable; toutes les personnes qui l'ont habitée en gardent un souvenir excellent. La sévérité, ou plutôt l'iniquité, du jugement de Mignot de Montigny ne peut s'expliquer que par la fatigue d'un voyage pénible et par le souvenir des doléances des particuliers qui furent relégués en cette extrémité du royaume. En 1638, le P. Caussin, Jésuite, renvoyé de la Cour pour d'assez bonnes raisons et relégué dans le couvent de son ordre à Quimper, envoyait ces plaintes à Rome et à Paris : il avait voyagé au milieu d'effrayantes forêts, de montagnes escarpées, de vallées disparaissant sous la neige, au milieu de tout ce que la nature a d'horrible en ce pays. Dans son exil, « Il ne voit que déserts et rochers; il entend les flots de l'Océan qui grondent aux fenêtres de sa chambre [à Quimper!]. La population articule je ne sais quels sons barbares plutôt qu'elle ne parle... » (Lettres citées par le P. DE ROCHEMONTEIX, *Nicolas Caussin, confesseur de Louis XIII...*, Paris, 1911, in-8°, p. 356-357). A la même date, un Quimpérois écrivait : « je ne puis nier que nostre langage n'esgorge la luette et que, dans nos isles, il ne se trouve des demi-sauvages, aussi nous a-t-on envoyé le P. Caussin comme si l'on l'avoit voulu reléguer parmi les Hurons et les Hiroquoiz, mais j'espère qu'à son retour à Paris, il pourra publier que le navire qui le portoit en exil a fait naufrage dans le Pérou ou aux isles Fortunées » (Comte DE ROSMORDUC, *Guy Autret de Missirien...*, Saint-Brieuc, 1899, in-4°, p. 26). Malheureusement, le P. Caussin ne publia rien de pareil, non plus que le janséniste Duhamel, exilé en 1654, ou le parlementaire Roquesante, exilé en 1665. — On a expliqué par les plaintes de ces exilés, le fâcheux renom du voyage à Quimper attesté par quelques vers bien connus de La Fontaine.

et souvent dangereuse[63]. Du haut de ces montagnes, on découvre la petite ville de Locronan et toute la rade de Douarnenez. Plus loin, on traverse la petite ville de Chateaulin perdue dans le fond de la Basse Bretagne. Le vallon étroit où elle est cachée et le torrent qui la divise offrent à ceux qui sont sur la hauteur un point de vue sauvage mais agréable.

Après avoir fait quelques lieues, on passe à Pont de Bouis, petit village où sont établis des moulins à poudre pour le service de la marine et l'on arrive avec bien de la peine au bourg nommé le Faou, situé tout au fond de la rade de Brest à sept lieues du port. Les cinq lieues qui restent à faire pour rejoindre à Landerneau la grande route de Brest ne sont pas moins pénibles que les précédentes [64].

On trouve des roches ardoisées entre Kimper et Chateaulin, entre le Faou et Landerneau. Dans cette rude et ennuyeuse traversée depuis Kimperlay, le pais est toujours désert et toujours sauvage. Il semble qu'il seroit très propre à produire du bois, denrée qui manque également à la Bretagne et à la Marine. On parviendrait vraisemblablement à le faire peupler et défricher en ouvrant des communications aux grandes routes de la province de Lorient à

(63) Piganiol de la Force (Edition de 1754, t. VIII, p. 129) signale le grand nombre de ces montagnes ou plus exactement de ces côtes, et y trouve l'explication du nom des Monts d'Arré. Les voyageurs qui traversent ces montagnes s'impatientent « et s'écrient tout despités : *Mane* ou *menetz arré*, c'est-à-dire *une montagne encore* », parce que le mot *arré* signifie encore en breton. — En 1758, le chevalier de Mautort trouva ce pays affreux et ses habitants également, mais il jugea Quimper assez joli et fort bien habité par la noblesse bretonne; on y jouait un jeu enragé (*Mémoires du chevalier de Mautort* publ. par le Baron TILLETTE DE CLERMONT-TONNERRE, Paris, 1895, in-8°).

(64) Le voyageur belge que nous avons déjà cité suivit, en sens inverse, la même route et en éprouva les difficultés; à Châteaulin, il échangea ses plaintes avec celles d'un officier qui s'ennuyait dans cette garnison un peu agreste : « On passe par Landerneau, Le Faou et Châteaulin. Ces trois endroits n'ont rien de curieux et ne sortiront jamais de ma mémoire à cause de la mauvaise route et du manque de chevaux qui m'obligea de demeurer trente-six heures dans ce dernier endroit où je reçus cependant beaucoup de politesses de M. le capitaine de cavalerie Chihy (O'Shee), irlandais, commandant dudit lieu, rempli selon son témoignage de grande canaille ».

Kimper, de Kimper à Brest par Chateaulin, de Morlaix à Lorient par Karais.

VII

BREST

Le spectacle qu'offre la marine dans le port de Brest fait bien sentir la grandeur de la monarchie française [65] : le canal est rempli de vaisseaux de toute espèce ; un peuple nombreux d'ouvriers travaille sans cesse dans les ateliers qui bordent le port. Quatre grands vaisseaux et deux frégates en construction sur les cales, deux grands vaisseaux et une frégate en armement dans le port, un vaisseau de 84 canons en réparation dans le bassin, des ateliers nombreux occupés à fonder deux nouveaux bassins dans la mer ; six cents galériens occupés à couper les rochers pour élargir les quais au long du port : tous ces grands objets réunis sous un même aspect donnent une grande idée de la puissance qui les anime. De vastes magasins solidement bâtis et simplement décorés, deux corderies immenses rangées en amphitéâtre avec le bagne et l'hôpital terminent l'enceinte où s'exécutent ces travaux.

Tout ce que la nature peut offrir de plus avantageux pour la marine se trouve réuni dans le port de Brest ; son canal est formé par une embouchure large et profonde où les plus grands vaisseaux sont toujours à flot. Il débouche dans une rade immense longue de sept lieues, large de trois, ouverte par un seul goulet dont la traversée est d'un quart de lieue :

(65) Le comte de Guibert éprouva à Brest le même sentiment : « la magnificence et la grandeur de Louis XIV y sont empreintes à chaque pas ». Par contre, Cambry regrettait que les bâtiments qui entourent le port eussent été construits sans aucun souci artistique : « Michel-Ange eût fait de Brest une des merveilles du monde; Choquet et ses prédecesseurs n'en ont fait qu'une énorme masse de pierres ».

deux armées navales pourraient manœuvrer dans cette rade. Les nombreuses et fortes batteries qui la défendent de tous côtés ne laissent qu'un seul endroit de peu d'étendue où les vaisseaux échappent à la portée du canon. La batterie de Cornouaille à l'entrée du Goulet a huit pièces de canon de 64 livres de balle. La batterie royale à l'entrée du port est de 30 pièces de canon de bronze de 48 livres qui pèsent environ huit milliers chacune. Elles avaient été fondues pour *le Royal Louis*. On compte que toutes les batteries qui bordent la rade peuvent fournir en vingt-quatre heures vingt-quatre mille boulets.

Vaisseaux. — Le plus grand vaisseau qui soit à Brest est le *Soleil Royal*, de 84 canons ; il est présentement en carène dans le bassin pour quelques légères réparations à son doublage. Sa longueur de la poupe à la proue est de 180 pieds, sa plus grande largeur est de 48 ; il prend 24 à 25 pieds d'eau quand il est armé. Un vaisseau de premier rang tout équipé revient au Roi à 1.500.000 francs.

Les vaisseaux de 74 canons portent du 24 et du 12 ; ceux de 64 canons ne portent que du 12 et du 6. Les pièces de 24 livres de balle en bronze pèsent environ quatre milliers à 40 sols la livre, celles de 12, deux milliers. Les pièces de 48 en bronze pèsent huit milliers et reviennent chacune à 16.000 l. mais elles ne servent qu'à terre. Le *Royal Louis* n'a jamais pu porter toute sa batterie.

Un vaisseau de 74 canons est ordinairement monté par 300 hommes dont 120 soldats commandés par douze ou quatorze officiers et par 16 ou 18 si le vaisseau est monté par un officier général. Tout le reste de l'équipage est matelots ou canoniers.

Un vaisseau de 74 canons désarmé prend ordinairement 15 pieds d'eau ; armé il en prend 20 à 22. Autrefois, les vaisseaux en prenaient généralement [*en blanc*] mais dans les constructions nouvelles on a diminué le tirant d'eau.

Le canal de Brest contient à présent 45 vaisseaux. J'en ai vu six en construction : *le Courageux* de 74, *la Comète* de 84, l'*Héroïne* de 30, et le *Héros* de 74 lancé depuis un mois dans le canal.

Les cales de construction ne sont pas situées avantageusement à Brest ; elles ont trop peu de longueur ; on est obligé de les allonger par des contre-cales pour lancer les vaisseaux à la mer ; et ces allonges sont rarement assez solides pour que le navire n'en souffre pas. Les cales de Lorient sont mieux faites.

Pour lancer les vaisseaux à la mer, on les embrasse par dessous et on les suspend pour ainsi dire dans un [*en blanc*] de cordages attaché à des étais qu'on nomme [*en blanc*]. Ces étais sont portés par de longues pièces de bois qu'on appelle *aiguilles*. Ces pièces glissant sur les cales entraînent à la mer le *berceau* avec le navire.

J'ai parcouru tout l'intérieur du *Soleil Royal* avec M. Hocquart et toutes les parties de *l'Actif* actuellement en chantier avec M. Salinoc, constructeur (66).

Les vaisseaux qu'on veut radouber sont reçus par un vaste bassin de pierre de taille où ils entrent au temps de haute mer ; ils s'y trouvent à sec debout sur leur quille longue, la marée est descendue. On ferme alors les portes épaisses d'une écluse qui sépare le bassin du port. Ces portes sont faites de planches obliques jointives appuyées en arrière par de fortes traverses de bois. Elles soutiennent jusqu'à 20 pieds de hauteur d'eau dans les grandes marées. On commence à construire de l'autre coté du canal deux nouvelles formes pareilles à celle-cy. Les pieux de leurs fondations sont de 30 à 35 pieds de longueur. On jette entre ces pieux de la maçonnerie à pierre perdue, et par dessus on élève les murs des formes ou des bassins. La plus grande

(66) Pierre Salicon, sieur de Salinoc, constructeur des vaisseaux du Roi, fils d'Etienne, également constructeur au Havre, puis à Brest. Le Musée de la Marine à Paris possède quelques beaux dessins de proues et de poupes du XVIIe siècle, signés Salicon du Havre.

partie de la maçonnerie est en pierre de Kersanton, espèce de granite rouge et noir très-dur. C'est un des plus beaux granits que j'aye rencontré en Bretagne.

Mâture. — J'ay visité la fosse aux mâts avec le maître-mâteur du port. Elle contient actuellement 1500 pièces de mâts rangés sur les vases dans la rivière à la tête du port. Tous les jours elles sont couvertes par la mer pendant douze heures et restent pendant douze heures à découvert ; cependant on assure qu'elles se conservent très-bien dans ces vases.

Les plus grosses pièces de mât ont deux pieds et demi de diamètre sur 95 pieds de longueur ; on les paye jusqu'à 1000 écus. Elles servent à faire les mèches des grands mâts implantés sur la quille. Le prix des pièces ordinaires est de quinze à 1800 livres. Un grand mât pour un vaisseau de 74 canons est fait de sept à huit pièces, les antennes de deux et trois ; pour les mâts de hune, ils sont toujours faits d'une seule pièce. Toute la mâture d'un vaisseau de 74 canons consomme environ 56 pièces. Ces pièces se mesurent par *palmes* dont chacune contient 13 lignes du pied de Roy. Presque tous les bois pour la mâture se tirent de Riga.

Les bois de construction sont en partie renfermés dans un chantier de peu d'étendue, en partie épars au long du port. La plupart de ceux qui s'emploient à Brest viennent de Hambourg et de Hollande; ils nous sont apportés par des vaisseaux étrangers ainsi que le chanvre et le goudron. On dit à Brest qu'il en coûterait trop au Roi s'il fallait aller chercher ces denrées dans les pays qui les fournissent, mais ce qu'il en coûteroit de plus au Roy seroit gagné par ses sujets et tourneroit au profit de l'Etat en exerçant des matelots et des pilotes.

La machine à mâter est belle, mais elle est un peu plus composée que celle de Lorient. J'ay remarqué au pied de cette machine un nouveau cabestan plus parfait que les cabestans ordinaires en ce qu'il ne choque point du tout : deux roulettes établies au pied de sa fusée servent à relever le tournevire de façon que le cordage ne s'accumule pas. Cet expédient très simple est inventé par un charpentier de Toulon. Il auroit eu le prix de l'Académie s'il avoit fait connaître son cabestan un an plus tôt. On commence à s'en servir sur les vaisseaux du Roy.

Corderie. — La corderie neuve de Brest a 230 brasses de longueur ; la brasse est de cinq pieds, ce qui fait 1200 pieds ou 200 toises. L'ancienne corderie est plus courte de 30 brasses ou 150 pieds.

Il se fait par jour dans la corderie neuve 500 livres de fil de caret sur trois roues chargées chacune de onze bobines ; le fil s'accumule sur des *tourets* que l'on charge chacun de 300 livres de fil.

Le fil de caret se file très-lâche à Brest avec très-peu de tors suivant les principes de M. Duhamel [67]. Le fil du Havre est plus serré et plus long, mais on préfère la filature de Brest.

Du fil de caret, on fait les *aussières* ; des aussières les *torons*, des torons les *cordons* et des cordons les *grelins* ou les câbles.

Les magasins de Brest contiennent beaucoup de chanvre du Nord et très-peu de chanvre de Bretagne qu'on tire de Lannion. On espadonne [68] les chanvres de Bretagne. Ceux du Nord arrivent tout purgés et n'ont plus besoin que du peigne pour être employés.

Avant que de commettre la plupart des cordages, on passe au goudron le fil de caret dans un atelier construit exprès. Quatre hommes passent dans une journée 2400 livres de fil

(67) Henri-Louis Duhamel du Monceau (1700-1781), inspecteur général de la marine, botaniste et agronome, auteur de nombreux ouvrages, dont un *Traité de la fabrique des manœuvres* ou *l'art de la corderie perfectionnée*.

(68) Le *Dictionnaire* de Littré ne donne pas *espadonner*, mais *espader* : battre le chanvre sur le chevalet avec l'espade, sorte de sabre de bois.

au goudron. On tient cette matière en fusion sur un fourneau ; le fil plonge dans la chaudière et se relève en faisant plusieurs tours sur une corde qui l'essuie. Il achève de se nettoyer en passant sur une large brosse de crin, et il arrive entièrement sec sur un touret.

On tient le goudron en barrique dans un magasin sous lequel sont pratiqués des puisards pour recevoir et recueillir tout ce qui s'écoule par les joints des douves.

Le magasin des goudrons touche à celui des soufres, tous deux tiennent au magasin des chanvres et sont fort près des cordages. J'ay été surpris de cette dangereuse disposition. Les goudrons et les soufres doivent être dans des souterrains éloignés de toute matière combustible ; j'ay remarqué plusieurs fautes de cette espèce au long du port.

Magasins. — On ne voit point d'ensemble, ni même rien le combiné dans la disposition des magasins et des ateliers lu port[69]. On les a construits à grands frais l'un après 'autre sans aucune ordonnance à mesure qu'on a trouvé les places proportionnées à l'étendue qu'ils devoient occuper et sans prendre aucune précaution pour la garantie du feu. On ne voit pas une seule voûte sur ces édifices immenses, ous les escaliers sont de bois et tous les planchers sont à lécouvert. On n'a pas même évité cette faute dans le noueau magasin général qu'on vient d'élever à la place de eluy qui s'est entièrement consumé par le feu en 1746. Ce épôt contient cependant toutes les sortes d'agrès et d'ustenïles qui doivent entrer dans les armements de plusieurs aisseaux. C'est le plus riche des magasins de Brest. Tout rès sont les magasins des graisses et des huiles et les eliers où l'on fait les poulies. Les huiles sont conservées

(69) « Le port m'a paru très beau ; il me semble cependant qu'il n'est fait ie de pièces de rapport et que l'on n'a pas formé un grand plan avant ie de le commencer ». Lettre du Baron de Secondat de Montesquieu, du avril 1730, publ. par M. H. WAQUET (*Bull. de la Soc. Archéol. du Finistère*, LI, année 1924, p. VII).

dans un vaste bassin de pierre de taille couvert par en haut, mais elles sont environnées de matières inflammables de toute espèce et très peu éloignées des chantiers de construction. Assez près sont les petites forges rangées tout autour du bassin où l'on radoube les vaisseaux.

Vis-à-vis, de l'autre côté, tout au long du canal sont les grosses forges pour les ancres. Ces masses pesantes s'y remuent commodément par des machines. Les grosses ancres pèsent cinq à six milliers et quelquefois sept.

Tout près est le magasin des charbons d'Angleterre qui touche aux ateliers des sculpteurs, des peintres et des menuisiers. Ceux-cy joignent les magasins de mâts et de cordages, séparés de ceux des vivres par les boulangeries et par la brûlerie. A coté sont les parcs d'artillerie; il n'y manque que le magasin des poudres qu'heureusement on a placé dans un autre endroit (70).

La boulangerie neuve et la brûlerie sont des bâtiments très bien entendus et bien distribués. L'escalier de la boulangerie, ses encoignures, les calottes des portes et des fenêtres en arrière sont des morceaux d'un fort bel appareil coupés en granit de l'espèce la plus dure, ainsi que la corniche, les cadres des croisées et les cordons extérieurs de ce bâtiment. On y voit des coupes de pierre aussi difficiles et aussi belles que celles qu'on exécute à Paris en pierres d'Arcueil.

La boulangerie neuve doit être considérablement augmentée dans la suite. Présentement, elle n'a que sept fours où l'on cuit le pain des galériens en froment pur. Chaque four contient 204 pains de 30 onces chacun.

La brûlerie qui travaille continuellement pour le service du port n'a que deux fourneaux, tous deux construits en granite ainsi que les fours de la boulangerie, les alambics et les réfrigérants ou serpentins sont en cuivre sans étamage.

(70) A maintes reprises au XVIIIe siècle, en 1739, en 1742, en 1744, en 1746, etc..., des bâtiments importants de l'arsenal de Brest furent détruits par le feu.

Chaque alambic contient 80 pintes et fournit à deux distillations par jour. On brûle en quatre jours une corde de bois dans ces fourneaux. Des eaux naturelles coulent par des robinets dans la boulangerie et dans la brûlerie.

Ces deux bâtiments sont l'ouvrage du sieur Lindu (71), ingénieur du port, ainsi que le bagne nouvellement construit pour les galériens. Le Sr Lindu a 1200 fr. d'appointements et, pour avoir achevé le bagne, il a reçu du gouvernement une gratification de 500 pistoles.

Le Bagne où l'on enferme les forçats est le plus bel édifice, e plus vaste, le plus propre et le mieux entendu qu'on ait ncore fait dans ce genre. La hauteur de ses longues galeries t l'avantageuse distribution d'un grand nombre de fontaines endent ce lieu plus propre et plus sain que la plupart des naisons religieuses. Il renferme 2400 galériens qu'on nploie tour à tour aux différents travaux du port (72).

Les forçats travaillent une semaine et se reposent l'autre.)n en occupe 900 à la fois dont le plus grand nombre est mployé à élargir les quais au long du port. On donne à eux qui travaillent trois demi-setiers de vin par jour qui oûtent au Roi deux sols par homme. On les ramène au agne à l'heure du dîner. Ils sont nourris avec 30 onces de ain blanc et une soupe aux grosses fèves. Les travaux du uai ne coûtent à l'État que 5000 l. par an pour le vin des rçats.

71) LEVOT a donné dans la *Biographie bretonne* et dans les *Gloires marines de la France* des notices sur Antoine Choquet de Lindu (1712-1790), dans quelles on trouvera la liste des édifices construits au port de Brest sous direction de cet ingénieur; il fit aussi des plans pour le port de Saint-ast-la-Hougue, dirigea la construction de la belle chapelle du Séminaire la Marine (1741-1743), si fâcheusement détruite, et collabora à la construction l'église de Plouzané (1772).

72) Le bagne de Brest fut établi en 1746; l'édifice admiré par Mignot de ntigny fut construit en 1750 et 1751. Huit ans plus tard parut la *Description bagne pour loger à terre les galériens ou forçats de l'arsenal de Brest, jeté, bâti, dessiné et gravé* par Choquet de Lindu, ingénieur ordinaire la marine, Brest, Malassis, 1759, in-f° avec planches.

Ils sont commandés dans le bagne par des commis dont les appointements sont de 50 l. par mois et par les sous-commis qui ont 360 l. de gages. Ils sont enchaînés sur des bancs et distribués dans quatre galeries très vastes. Ceux qui les enchaînent et les déchaînent se nomment argousins. On ne peut les employer hors du bagne que par cinq couples à la fois. Elles sont conduites par un pertuisanier qui répond des forçats sous peine d'être mis à la place du fugitif. Si quelqu'un s'échappe on avertit dans les campagnes voisines par un coup de canon tiré du rempart.

Les galériens qui travaillent pour leur compte ne sont point nourris par le Roi. S'ils sortent, ils payent un sol à l'argousin qui les déchaîne et deux sols au turc qui les accompagne.

Les galériens malades sont transportés à l'hôpital dans une salle fermée où ils sont enchaînés à leur lit. (Ceux qui sont condamnés aux galères pour 101 ans peuvent tester, ceux qui sont condamnés aux galères perpétuelles ne le peuvent pas.)

On m'a fait remarquer parmi les forçats l'abbé Le Loup, prêtre du diocèse de Rouen, un lieutenant de cavalerie, depuis sergent aux gardes, qui a contrefait la signature de M. de Montmartel, un aventurier qui se disoit évêque polonois et faisait les fonctions épiscopales.

M. Pean des Baudières est le commissaire qui gouverne le Bagne. Les forçats sont vêtus d'un gros drap rouge à un écu l'aune ; quand ils vont aux travaux, ils mettent par dessus un fouvreau de toile (73).

Les *troupes de la marine* [comprennent] 100 compagnies de 50 hommes dont 40 au département de Brest, scavoir 36 à Brest ou aux environs et quatre partagées entre Le Hâvre, Calais et le Port-Louis. Le département de Toulon a 44 com-

(73) Le bagne et les galériens excitaient spécialement la curiosité des voyageurs. Montullé fut très frappé de la perfection des *commodités* ménagées dans les dortoirs. Desjobert nomme, comme Montigny, les forçats les plus notoires qui existaient à l'époque de sa visite.

pagnies dont 12 résident à Marseille. Les 16 autres compagnies sont au département de Rochefort.

A terre, chaque compagnie est commandée par un lieutenant de vaisseau qui prend le titre de capitaine ; un enseigne fait les fonctions de lieutenant. Les lieutenants de vaisseau ont 1000 livres d'appointements en temps de paix, les enseignes 600 l. ; en temps de guerre les lieutenants ont 1500 l. et sont nourris aux dépens du Roy.

Les gardes du pavillon ont 30 l. par mois pendant la paix et les gardes de la marine 18 l.

On m'a fait connaître dans le port de Brest plusieurs officiers distingués par leurs services et par leur mérite : M. le Comte du Guay, qui commande la Marine, MM. de Choiseul, de Roquefeuil, de Vienne, capitaines des vaisseaux du Roy, MM. de Borry et des Roches du Dresnay, lieutenants de vaisseau.

Fortifications. — M. de Gonidec commande les troupes de terre en garnison dans ce château à la place de M. de Chazeron, gouverneur de Brest (74). Le château est plus fort par sa position que par les ouvrages qui le défendent; il domine l'entrée du port. Les remparts de la ville et les ouvrages extérieurs sont en très-mauvais ordre; on commence à les relever du côté de Recouvrance sous la direction de M. Fézier, ingénieur (75), mais le Roy n'accorde par an que 1000 écus de fonds pour ces travaux. On projette au delà de Recouvrance deux ouvrages à cornes et un ouvrage couronné.

(74) D'après les *Etrennes bretonnes* de 1755, l'Etat-major comprenait : M. de Monestay, marquis de Chazeron, gouverneur; M. de Gonidec, brigadier de cavalerie, commandant; M. Lombar, major.

(75) On trouve une notice sur A.-F. Frézier dans *Gloires maritimes de la France* par Levot et Donaud (Paris, 1866, in-12, p. 203). Une grande partie de sa carrière se passa en Bretagne; il travailla aux fortifications de Saint-Malo, du Taureau et de Brest, dressa des cartes et des plans de ces villes et de Port-Louis, Lorient, l'île aux Moines, les Sept Iles. Il succéda à Garengeau dans la direction de la construction de l'église Saint-Louis de Brest et donna en 1718 le dessin du maître-autel, des lambris et de la chaire de Saint-Melaine de Morlaix.

La garnison de Brest n'est à présent formée que d'un bataillon du régiment de Saintonge dont M. de la Granville est colonel.

Toiles à voiles. — La manufacture des toiles à voiles établie dans le quartier de Recouvrance a 80 métiers dont 16 sont présentement montés. Les toiles des grosses voiles pour les grands mâts sont travaillées à six fils, trois fils par chaque lisse, celles de misène, de hunier sont à quatre fils, deux par chaque lisse. Les autres se nomment mélis-doubles et mélis-simples. Elles se travaillent à un seul fil et leurs chaînes sont plus ou moins fortes.

Les grosses voiles ont 1500 fils de chaîne, les misènes 1200, les méli-doubles 1000, les méli-simples 900. Un ouvrier fait cinq aunes de toiles par jour pour les grosses toiles ; on les paye à 5 sols par aune. On donne aux voiles de grand mât 21 ou 22 pouces de largeur.

Cette fabrique m'a paru très languissante. On n'y prépare point les chanvres, on les achète tout filés, et l'on y fait des toiles chères avec du fil à fort bon marché. On monte les chaînes sur un rateau par portée de 40 fils. Ces toiles sont inégales et mal frappées, toutes couvertes de bourres et de nœuds.

Excepté le port et ses dépendances, la ville n'a rien d'agréable, elle est séparée par le canal en deux parties et presque en deux villes ; au delà du port, elle change de nom et prend celui de Recouvrance. Chacune de ces villes n'a qu'une paroisse : on rebâtit celle de Brest. Une partie des revenus de la ville qui montent à 50.000 l. est employée à cette construction. Le quartier de Brest n'est pour ainsi dire composé que de deux rues très longues, l'une élevée, l'autre basse. On communique de l'une à l'autre par des escaliers.

Expériences. — J'ai fait à Brest quelques tentatives pour reconnaître si les étincelles de la mer sont électriques ; j'ai suspendu une baguette pointue par un cordon de soie de façon que sa pointe était à deux ou trois pouces de la surface de l'eau. Cette baguette n'a donné aucun signe d'électricité pendant que l'eau agitée à coups de rames étincelait vivement au dessous. Je me suis assuré que la mer étincelait constamment dans le port de Brest, par les temps humides et chargés de brouillards, et je l'ai vu briller pendant la pluie, ce qui ne s'accorde point du tout avec le système de M. Francklin. La quantité d'algues marines qu'on voit de tous côtés dans le canal de Brest favorise l'opinion de M. l'abbé Nollet [76].

VIII

ROUTE DE BREST A MORLAIX

Les chemins sont mauvais et quelquefois dangereux dans toute cette partie de la route de Brest ; le pays est aussi peu cultivé que le reste de la Basse Bretagne [77] ; on ne voit que misère dans les villages et que joncs marins dans les champs. On appelle ainsi une sorte de genêt dont la feuille sert de paille aux habitants de ces cantons [78]. Les

(76) Une note mentionnée dans l'inventaire des manuscrits du port de Brest p. 326), fonds de l'ancienne Académie de Marine, paraît se rapporter à cette bservation : « Expérience à faire sur l'électricité proposée à Messieurs de 'Académie de Brest. Signé : De Montigny, de l'Académie des Sciences, 3 juillet 752 ».

(77) Les voyageurs d'autrefois ne trouvaient aucun charme à la charmante allée de l'Elorn que suit la route de Brest à Landivisiau; ils croyaient stériles es terres qui avoisinent Morlaix : « Cette Basse-Bretagne est un pays affreux », crit la baronne d'Oberkirck toujours méprisante; « ces hommes habillés e peaux rappelaient au comte du Nord ses tartares ».

(78) Dans les landes du pays de Vannes, Bernardin de Saint-Pierre vit de 'ajonc, plante qu'il ne connaissait pas, et du genêt qui lui inspira une idée trange : « Il n'y croît que du genêt et une plante à fleurs jaunes qui ne arait composée que d'épines : les paysans l'appellent *lande* ou *jan* et la ont manger aux bestiaux. Le genêt ne sert qu'à chauffer les fours; on pourrait n tirer un meilleur parti, surtout dans une province maritime. Les Romains n faisaient un excellent cordage qu'ils préféraient au chanvre pour le ser-

clochers des villages se font remarquer par la singularité de leur construction légère. Ils paroissent tout à jour quoique bâtis en pierre de taille ; les flèches mêmes dont ils sont surmontés sont toutes de pierre et percées à jour.

Landerneau, petite ville que l'on traverse à quatre lieues de Brest fait un assez gros commerce de toileries. Cette ville plus propre et mieux bâtie que Brest contient 12.000 habitans qui payent 6.000 livres de capitation, ils sont distribués sur deux paroisses. M. le duc de Rohan dont on estime les revenus en Bretagne à plus de 100.000 écus de revenu annuel à la seigneurie de Landerneau à laquelle il vient de joindre celle du Faou et de Landivisiau. Il perçoit ainsi que le Roy des droits sur toutes les marchandises qui entrent dans le port [79].

Ce port est à l'extrémité de la rade de Brest : on y voit des barques de 50 à 60 tonneaux, une barque de cette capacité construite en bois de chêne toute prête à partir revient à 8.000 livres, son canot à dix écus. Il y a quinze ans qu'une barque de 60 tonneaux ne coûtoit que 6.000 l. mais la cherté du bois dans la province a augmenté les constructions d'un tiers.

J'ay vu décharger au port de Landerneau une barque portant deux cent barriques de charbon d'Angleterre, tiré du pais de Galles. La barrique pesant un peu plus de cinq cents se vend six livres à Landerneau sur lesquelles on a payé 28 sols de droits, partie au Roy, partie à M. le duc de Rohan. Ce charbon est à meilleur marché que celui d'Ingrande proportion gardée.

vice des vaisseaux. C'est à Pline que je dois cette observation; on sait qu'il commanda les flottes de l'Empire. » (*Voyage à l'île de France*, lettre du 4 janvier 1768).

(79) Le duc de Rohan, prince de Léon, percevait non seulement des droits d'entrée, mais des droits d'amirauté. Ces derniers privilèges, maintes fois contestés, furent encore confirmés par arrêt du 4 mai 1775, mais ils furent supprimés, moyennant indemnité, le 22 mars 1783.

Les *toiles* qui se fabriquent aux environs de Landerneau passent à la marque trois fois la semaine au bureau d'inspection établi dans cette ville. On y compte environ chaque année 10.000 pièces marquées chacune de 102 aunes de Paris sur demie-aune deux tiers ou trois quarts de large. Ces toiles se nomment *crées*, les plus fines se vendent 160 l. la pièce; les plus communes 60 l. Elles sont toutes de fil de lin, chaque fabricant blanchit son fil avant que de l'employer ; il n'est pas permis de fabriquer en fil gris.

Ces toiles sont enlevées pour la plus grande partie par les commerçants de Morlaix qui les envoient à Cadix et dans le Nord. Quelques commerçants établis à Landerneau en portent à Bordeaux et rapportent des vins pour la consommation de Brest et des environs.

On tient toutes les semaines à Landerneau un marché considérable de lin et de fil. Le lin se vend au poids pesant 13 livres, depuis 6 livres jusqu'à 12 livres. Le fil le plus commun se vend 50 sols la livre. Le plus fin vaut jusqu'à 10 livres, mais celui qu'on emploie davantage dans les toileries du pays vaut cent sols la livre.

J'ay appris ces détails de M. Kerdaniel, contrôleur des marques. L'inspecteur du bureau réside à Morlaix et l'inspecteur général à Rennes.

Le pain du peuple est encore cher à Landerneau, il vaut deux sols et un liard la livre ; il a valu jusqu'à quatre sols pendant une partie de l'année dernière. Le plus riche commerçant est le Sr Mazurier (80) dont la fortune est évaluée à cinq cent mille livres. Huit ou dix autres commerçants ont cent mille écus dans le commerce.

Morlaix, scitué sur l'embouchure d'une rivière profonde, est avantageusement placé pour le commerce. Des frégates

(80) J.-B. Mazurié (1717-1797), d'une famille originaire de Tinchebray en Normandie, négociant et échevin à Landerneau. Ses fils pratiquèrent le commerce dans la même ville et à Morlaix (Cf. J. TRÉVÉDY, *Mémoire inédit concernant La Tour d'Auvergne-Corret* dans le *Bull. de la Soc. Archéol. du Finistère*, 1907, t. XXXIV, p. 225-255).

de 30 canons peuvent remonter par la rivière jusque dans Morlaix, et l'on construit des bâtiments de cette grandeur sur les chantiers aux portes de la ville. Ses quais revêtus en granit sont beaux et bien entretenus ; on travaille à les prolonger; j'ay veu piquer au long de ces quais la plus belle espèce de granite que j'ai rencontrée dans toute la Bretagne; elle est marquée de rouge et de noir à grandes taches entresemées de paillettes de couleur d'or.

Un des quais qui bordent la rivière de Morlaix est terminé par une longue allée plantée de beaux arbres qui s'avance jusqu'à trois quarts de lieue de la ville en suivant toujours le bord de l'eau à travers un pays assez champêtre ; c'est une des plus belles promenades que j'aie vues (81).

La manufacture de Tabac est composée de six grands corps de bâtiments considérables sur deux grandes cours. Ils sont assez récemment construits et cependant ils menacent une ruine prochaine. Malgré la grande portée des planchers et les charges qu'ils ont à soutenir, on a voulu faire les poutres de deux pièces. Ces planches crèvent de tous les côtés et sont présentement étayés partout.

A cela près les bâtiments sont vastes, commodes et bien distribués tant en ateliers qu'en magasins. C'est même une des plus belles manufactures que je connaisse quant à ses dispositions intérieures (82).

(81) Le bel aspect du port, du quai planté d'arbres, du paysage varié sur un sol inégal est célébré dans des notes de voyage écrites en 1779 par le comte de Montboissier (Bibl. de l'Arsenal, mss. 4518, p. 350). L'année suivante Desjobert écrivait : « Le port de Morlaix est joli et le quai planté d'arbres d'un côté; on peut s'y faire une idée de canaux de la Hollande ». Le port de Morlaix resserré entre des collines abruptes ressemble fort peu aux canaux hollandais: la belle allée d'arbres justifie seule la comparaison du voyageur. — La *Description de la France* de Piganiol de la Force (Edition de 1754) renferme une notice très détaillée sur Morlaix.

(82) La manufacture construite de 1736 à 1740 par le célèbre architecte François Blondel, subsiste, mais des agrandissements et diverses modifications lui ont fait perdre le bel aspect qu'elle avait autrefois. Sur la manufacture de Morlaix, voir *Inventaire sommaire* des Arch. du Finistère, série B. t. III, *Introduction* par H. B. R., p. CCXIX.

Les magasins de tabac contiennent à présent sept cents boucaux du poids de neuf cents à un millier chacun. Un bâtiment anglais que j'ay vu dans le port venoit d'apporter à la manufacture deux cent cinquante milliers de tabac.

Pour fabriquer le tabac, on défait les barriques, on détache les manoques ou paquets de feuilles; on les met en tas en les rangeant par couches, de temps en temps on arrose les couches, pendant cette opération, d'une sauce faite avec de l'eau de mer, du sel marin et du sucre.

En séparant les manoques, on en fait le triage, on met à part celles qui sont moisies pour les brûler, leurs cendres se vendent pour les buanderies au profit des directeurs et contrôleurs de la manufacture.

Lorsque les bonnes feuilles sont suffisamment imbues de leur sauce, on les porte à l'atelier des fileurs. Cet atelier est composé de vingt-cinq tables dont chacune occupe cinq hommes : deux écoteurs qui séparent les côtes des feuilles, un bougieur qui tord les feuilles en rouleaux et les donne au fileur, un donneur de feuilles qui étend des feuilles de tabac d'Hollande et les donne à mesure au fileur pour envelopper les bougies, enfin un tourneur ou torgneur qui fait mouvoir par une manivelle le tour de fer qui file le tabac. A mesure que le tabac se file, on l'accumule sur un cylindre qui peut tourner quand on veut sur son axe au milieu de la cage ou du tour et qui s'arrête par un rochet.

Tables. — Chaque table fournit par jour 145 livres de tabac. Le fileur gagne trois deniers par livre ; s'il fait dans sa journée plus de 145 livres, on lui paye le surplus à raison de 30 sols par quintal. les écoteurs et les donneurs de feuilles sont des enfants qui gagnent trois sols par jour. Le fileur et le bougieur changent de fonctions tour à tour.

Rolles. — Le tabac filé se met en rolles ; on le laisse sécher au magasin pendant quelques mois.

Carottes. — Pour le mettre en carottes, on le trempe un moment dans une sauce pareille à la première ; on en coupe six bouts d'égale longueur déterminée sur celle des moules. Les moules sont de petites cases de bois arrondies par le fond et séparées par des cloisons droites. On y range les bouts de tabac six à six et, par dessus, on met des tringles de bois creusées en rond dans leur partie inférieure. On nomme ces tringles moules supérieurs.

Presses. — On porte ensemble sous la presse six rangées de quatorze moules chacune ; on serre la presse par un long levier sur lequel quinze hommes s'appliquent à la fois pour les derniers coups.

Après avoir levé les presses, on enveloppe chaque carotte d'un ruban de fil bien serré pour qu'elle ne renfle pas ; on y met le papier et le cachet des fermes ; enfin on l'ébauche avec le couteau.

Andouillettes. — Le tabac à fumer se file plus fin que le précédent ; on le façonne ensuite de différentes manières. Une partie se met en andouillettes qu'on enveloppe de larges feuilles qu'on ferme avec un poinçon et sur lequel on applique le cachet des fermes. Une autre partie se met en roles et passe sous la presse, mais dans des moules différents de ceux que j'ai décrits ci-dessus. Les moules pour le tabac à fumer sont des cylindres creux dans lesquels on met les roles et par dessus un cylindre solide. La presse appuyée sur le cylindre solide façonne le role dans le cylindre creux. Tous ces moules sont de bois ; les presses et leurs écrous sont d'acier.

Mortiers. — Les rognures des carottes et des roles sont pilés et mises en poudre dans des mortiers de pierre où quatre hommes vigoureux font tourner un gros pilon suspendu par son extrémité supérieure. Le tabac pilé se débite en Bretagne par sachets de deux onces qui portent la marque et le cachet des fermes.

Cendres. — On brule les côtes séparées des feuilles et leurs cendres se vendent avec celles des feuilles de rebut.

Les frais de la manufacture de Morlaix montent au plus à 50.000 écus par année. Elle emploie par jour cinq à six cents hommes, mais la plupart sont des enfants qui travaillent à très-bas prix. On en envoie deux cent milliers à Paris ; le reste se débite dans les bureaux de Bretagne (83).

Commerce du tabac. — Les fermiers généraux tirent chaque année d'Angleterre pour cinq millions de tabac et passent deux pour cent de bénéfice à leurs commissionnaires. Les anglais gagnent aussi le fret qui leur est payé à raison de 24 ou 25 livres par quintal. Les fermiers généraux se sont engagés depuis quelque temps à prendre sur le pied de 30 francs le quintal de tabac de la Louisiane et le gouvernement a promis un écu de gratification par quintal aux marchands français qui l'apporteront dans nos ports. Ces sages mesures rendront à nos colonies un bien qui devroit leur appartenir depuis longtemps.

Charbon. — On emploie à Morlaix beaucoup de charbon d'Isigny, et tous ceux qui s'en servent le trouvent aussi bon que celui d'Angleterre.

IX

MINES DE PLOMB

On s'écarte de la grande route pour aller aux mines de Poulawen et du Huelgoit, situées dans l'intérieur de la Basse Bretagne à une lieue de Karais. Ce pays est presque inacces-

(83) Cf. lettres de Lavoisier sur la manufacture de Morlaix en juin 1778 publ. par A. DELAHANTE, *Une famille de finance au XVIIIe siècle*, Paris, 1881, in-8°, t. I, p. 337 et suiv.

sible aux voitures ; mais si le voyage est pénible, on en est dedommagé par les objets de curiosité qu'offre le travail des mines.

Poulawen. — Celle de Poulawen [84] est présentement ouverte à 180 pieds de profondeur par trente puits dont la plupart se communiquent. Mais les travaux y sont arrêtés depuis quelque temps parce qu'on n'a point assez d'eau pour faire jouer les machines destinées aux épuisements. On a pendant plusieurs années employé à cet usage une machine à feu dont j'ay veu l'effet. Deux pompes foulantes et aspirantes mues par une roue à l'eau élèvent les eaux souterraines à 80 pieds au dessus du puits qui les rassemble ; la machine à feu les reprend dans un réservoir et les élève à plus de cent pieds au dessus. Un autre réservoir placé sur le bâtiment de la machine reçoit une partie de l'eau qu'elle élève et cette eau sert à rafraîchir le cylindre où sont reçues les vapeurs chaudes dont l'élasticité produit tout le jeu des pistons. La cherté du charbon d'Angleterre et la grande consommation qu'on en fait pour le service de cette machine obligent les entrepreneurs à l'abandonner quoiqu'elle enlève à chaque coup de piston un volume d'eau très-considérable ; ils construisent à la place des pompes menées par de grandes roues à godets de 15 et 18 pieds de diamètre. Ces roues seront mues par des chutes d'eau lorsqu'on aura fini de creuser un canal de quatre lieues de longueur que l'on fait présentement pour amener sur les machines les eaux d'une petite rivière. La largeur du canal est de six pieds par en haut et de trois pieds par en bas sur une toise de profondeur.

La mine de Poullawen est fort riche : elle fournit 70 livres de plomb par quintal de mine et un once d'argent par quintal de plomb. La mine de Huelgoet est plus difficile à traiter

(84) Les mines de Poullaouen et du Huelgoat furent concédées le 17 août 1729 à Hubert de la Bazinière qui céda ses droits à une compagnie parisienne en 1733 (cf. *Inventaire sommaire* des Arch. du Finistère, série B, t. III. *Introduction*, par H. B. R., p. CCI-CCV).

que celle-ci, mais est plus riche en argent ; elle tient deux onces d'argent par quintal de mine et rend six à sept onces d'argent par quintal de plomb.

La mine de Huelgoet éloignée de Poullawen de trois quarts de lieue a été anciennement exploitée; sa principale galerie ouverte à niveau d'un vallon pénètre dans l'intérieur de la montagne et s'avance jusqu'à 1.200 toises de son ouverture; d'autres galeries, les unes plus hautes, les autres plus basses se joignent à celle-ci par des puits de mine, et toutes se communiquent par des échelles verticales; j'ai parcouru les puits et les souterrains avec plaisir et non sans peine; j'ai vu briser les roches pleines de minéral, j'ai vu transporter leurs éclats dans des caisses hautes et étroites montées en forme de brouettes sur une petite roue qu'on fait rouler entre deux planches au long des galeries. Souvent on est obligé de briser les rochers en les chargeant avec de la poudre pour en faciliter l'exploitation. On m'a fait remarquer beaucoup de pyrites et quelquefois une espèce d'ocre rouge dans les endroits où il coule de l'eau.

On porte au bocquart la mine tirée de ces galeries ; elle est écrasée en poudre assez fine sous les coups de six pilons de bois armés de fer qu'une roue à l'eau enlève successivement et qui retombent par leur propre poids de deux à trois pieds de hauteur.

On lave cette poudre mêlée de pierre et de minéral sur des grandes tables inclinées arrosées par un courant d'eau. On étend la matière et on la remue sur ces tables ; les particules métalliques y restent et la pierre plus légère est entraînée par le courant; la mine ainsi nettoyée est reçue dans des auges au pied des tables. La conduite des eaux et la façon de les gouverner sont ménagées avec beaucoup d'art dans ces lavoirs.

Avant que de fondre la mine du Huelgoit, on est obligé de la rôtir ; son plomb est minéralisé avec le soufre. Il faut consumer ce soufre avant que d'exposer la mine au feu des fourneaux, autrement le métal serait enlevé par le soufre et la mine ne rendrait presque rien.

1er Feu. — On mêle la mine avec de la chaux, on l'étend sur une aire enfermée entre trois petits murs ; on arrange par dessus des lits de fagots qu'on allume, elle reste sous le feu pendant cinq à six heures. On dit que cette opération en dégage de l'arsenic, mais je n'ai point senti l'odeur d'ail auprès des fours ; l'odeur qu'ils exhalent m'a paru la même que celle qui se fait sentir pendant la calcination du vitriol.

Fourneau de fusion. — La mine de Poullawen qui contient peu de soufre n'a point à subir cette opération. On la porte du bocquart aux fourneaux de fusion : ce sont de grands fourneaux à manche où l'on range alternativement des lits de mine et de charbon de bois. Quand ils sont tout à fait remplis, on en mure le devant avec des briques, on laisse une ouverture en bas pour allumer le feu et pour laisser couler le métal dans un petit bassin enfermé en terre. Ce bassin percé vers le fond s'ouvre et se ferme à volonté. On le décharge quand il est plein dans une espèce de gouttière où l'on ramasse le plomb avec des cuillers de fer pour le couler en saumons dans des moules. Les moules sont de fer et contiennent chacun cinquante livres de plomb.

Avant que de vuider le bassin, on enlève les scories qui nagent à la superficie ; ces scories sont un verre métallique très-noir qui s'éclate en refroidissant et ce verre est parfaitement semblable au verre noir fossile qui m'a été donné par M. Héron.

A mesure que le plomb s'écoule du fourneau, on recharge le fourneau par en haut avec de nouveau charbon et de nouvelle mine. Deux grands soufflets de bois dont les diaphragmes sont balancés par une roue à godets chassent l'air avec rapidité dans le bas du fourneau par une tuyère qui leur est commune. C'est près de cette tuyère que se vitrifient les matières étrangères au métal. Le fourneau étant une fois allumé travaille deux et trois mois sans interruption. S'il vient à se dégrader, un autre fourneau placé dans le même atelier est tout prêt à continuer l'opération.

L'Affinage ou la séparation de l'argent se fait dans un fourneau très-différent de ceux-ci. On met le plomb dans un bassin de terre à creuset construit dans un cadre de fer formé par huit grosses barres. Ce bassin ou creuset a peu de profondeur et beaucoup de superficie, on le place au milieu du fourneau sur une petite voûte; il est couvert d'un dôme ou reverbère très-plat en forme de calotte sans aucune ouverture ; à côté est un long fourneau étroit ouvert par une longue rainure entre le bassin et son réverbère. On allume un feu de bois très-vif dans ce fourneau, la flamme qu'il répand coule au long du réverbère au dessus du métal et sort dans une cheminée par une autre rainure opposée à celle du fourneau.

Sur les deux autres côtés du même bassin sont pratiquées deux autres ouvertures opposées au dessus du bassin, au dessous du réverbère, vers le milieu de ces deux calottes. Sur l'une, on place un saumon de plomb qui se fond peu à peu, et l'on fait passer à côté le porte-vent d'un gros soufflet qui forme un courant d'air très rapide sur la surface du métal en fusion. La flamme rabattue sur le plomb par le réverbère convertit le métal en litharge ; le vent du soufflet enlève la litharge à mesure qu'elle se forme et la chasse hors du bassin par l'ouverture opposée au porte-vent. On ramasse la litharge où elle s'accumule en morceaux, l'argent reste en forme de plateaux au fond du bassin.

On ne fait que repasser la litharge dans un fourneau et elle coule en un plomb plus pur que le premier, c'est ce qu'on appelle plomb revivifié de la litharge. Le déchet de l'affinage est d'environ douze livres par quintal de plomb.

On sépare aussi l'argent de la mine du premier coup par un autre affinage peu différent de celui-ci. On fond à la fois dix à douze milliers de mine en trente-six heures ; le plomb se convertit en litharge et on le revivifie par une simple fusion. On traite ainsi la mine du Huelgoat qui tient deux onces d'argent par quintal de minéral.

Les mines de Poullawen et du Huelgoat ont employé jusqu'à huit cent cinquante hommes par jour l'année dernière; à présent elles n'en occupent que cinq à six cents; la mine de Poullawen ne peut être travaillée que l'hiver, quand les eaux de pluie fournissent aux réservoirs que l'on a creusé pour le service des pompes. Cette mine est présentement noyée parce que les réservoirs sont à sec.

L'interruption des travaux est un très-grand inconvénient dans l'exploitation des mines. On n'y sera plus exposé quand on aura finy le nouveau canal.

Soixante mineurs allemands gagés par les entrepreneurs sont employés sur ces mines ; les machines sont construites et les travaux sont dirigés par M. Cunig, ingénieur allemand (85). Le Sr Caponet (86) a la direction des fontes et des affinages. Les dépenses de cette exploitation montent à 450.000 livres chaque année, tant en frais de bois et de charbon qu'en appointements, gages, paye de journaliers, entretien de machines. Les entrepreneurs viennent de bâtir

(85) Dans un mémoire présenté en 1758 (Arch. Ille-et-Vilaine, C. 1493), le saxon Konig expose qu'il est employé dans les mines de France depuis 20 ans et qu'il sert en Bretagne depuis 10 ans; il s'occupait des mines de charbon aussi bien que des mines de plomb : il portait d'ailleurs en 1754 le titre d'inspecteur général des mines de France. Dans ce mémoire, il essayait de convaincre le gouvernement de l'importance des gisements de charbon reconnus en Bretagne et des facilités que le voisinage des ports procurait pour l'exportation « si bien que les côtes de Bretagne ne céderont peut-être un jour rien aux Indes noires des Anglais ».

(86) En 1750, la compagnie était composée de D'Arcy oncle, D'Arcy neveu, capitaine de cavalerie et membre de l'Académie des Sciences; Favre, Gallois de Fins, Sollicaffre, Thélusson, Guigner de Prangins, Lortemart, Guillot, Lachaux et Hotzendorf. Patot, intéressé dans l'entreprise, résidait sur les travaux qui étaient dirigés par Konig, géomètre et inspecteur; Coponnet, inspecteur des fontes et affinages, et Belleville, secrétaire général.

une jolie maison pour loger les directeurs et les employés sur la mine même de Poullawen.

Ces mines qui sont exploitées avec profit depuis cinq ans ont rendu douze à dix-huit cent milliers de plomb chaque année et jusqu'à cent vingt marcs d'argent. Ce plomb rendu à Rouen est payé dix-sept à dix-huit livres le quintal par les entrepreneurs de la manufacture de plombs laminés (87).

Poullawen est environné de 4.000 arpens de bois en futayes épars à cinq ou six lieues à la ronde. Ces bois appartiennent au Roy et l'exploitation en est réglée à trente-neuf arpens par an. Des coupes aussi considérables produisent infailliblement une disette de bois dans le pays, et le bois manquant on sera forcé d'abandonner les mines. Il seroit important pour les conserver de réduire les coupes à six arpens par an. Ces bois qui se vendoient 500 livres l'arpent il y a cinq ans valent à présent 1.000 livres. Les paysans des villages voisins les achettent en concurrence avec les entrepreneurs pour les vendre à la marine. Un des meilleurs moyens de soutenir et de seconder l'exploitation des mines de Poullawen seroit d'accorder chaque année aux entrepreneurs trois ou quatre arpens de futaye dans les bois du Roy sur le pied de 700 francs l'arpent. Ces travaux méritent d'autant plus de protection qu'ils servent à former des mineurs pour la France. On connoit des mines fort riches dans le royaume, on a tenté plusieurs fois d'en mettre en valeur et ces entreprises ont toujours mal réussi faute d'ouvriers expérimentés dans ces sortes de travaux qui demandent des connaissances acquises par une longue pratique.

(87) On conserve à la Bibliothèque Mazarine (Mss. 3723, f°s 41-80) un intéressant mémoire, provenant des archives Mignot de Montigny, sur l'exploitation des mines de Poullaouen. Ce document est trop long pour être publié; de plus, la disparition d'un plan, qui l'accompagnait jadis, rend quelques chapitres obscurs, mais nous signalons aux historiens des mines de Bretagne ce mémoire écrit probablement en 1752, où ils trouveraient des renseignements précis sur les phases de l'exploitation (ouverture des puits, construction d'une machine à feu en 1747, etc...; de machines hydrauliques et de canaux en 1749, découvertes de filons, etc.) et sur les diverses catégories des ouvriers employés à la mine, à la laverie, à la fonderie, etc., et sur leur solde.

X

ROUTE DE MORLAIX A RENNES

La route de Morlaix est la meilleure que j'aye parcouru dans la Bretagne [88]. Elle passe par la ville de Guingamp, Saint-Brieuc et Lamballe dont les traversées sont aussy désagréables que celle de Vannes par le peu de soin qu'on a d'entretenir et de réparer le pavé dans ces villes. Celle de Guingamp paroît très commercante. On y tient un marché considérable. Des hauteurs voisines de Saint-Brieuc on a la vue de la pleine mer. Lamballe n'offre rien de remarquable. Les environs de ces trois villes paroissent bien cultivés [89] ainsi que le reste du pays jusqu'à Rennes. Tous les champs sont environnés de fossés bien entretenus, dont les revers sont tous plantés en chênes. On coupe tous les cinq ans les branches de ces arbres et c'est ce qui produit presque tout le bois de chauffage qui se consume dans la Haute Bretagne où les grands bois sont très-rares. Les paysans sont obligés de se garder eux-mêmes ; c'est ce qui les détermine à enfermer leurs héritages de fossés larges et profonds. Les villages, les villes et les ponts sont tous construits en granite comme dans le reste de la Province.

(88) Montullé fait la même remarque.

(89) En 1785, Marlin remarqua le bon état des cultures entre Lanmeur et Lanvollon, mais, dans cette région plus encore que dans le reste de la Bretagne, il fut frappé du contraste entre la fertilité du sol et la misère des cultivateurs : « Cette presqu'île est une terre promise, mais pour un petit nombre d'élus seulement ».

XI

RENNES

Cette ville riche et peuplée est une des plus jolies capitales que nous ayons dans nos provinces (90). Ses nouveaux quartiers, bien percés, bien bâtis, sont embellis par deux grandes places dont les façades régulières sont presque entièrement achevées. Ces places servent d'entrée à trois grands édifices d'architecture moderne noblement et simplement ornés. Le plus considérable est le Palais dont la façade occupe un des côtés de la grande place. Au dedans quatre grands corps de bâtiments enferment une cour carrée entourée de portiques à l'italienne. Le dessus de ces portiques forme, au premier étage, quatre grandes galeries qui se communiquent et qui distribuent aux Chambres du Parlement, toutes ornées de fort bon goût et dont quelques-unes ont des plafonds peints par Jouvenet (91).

Les autres bâtiments qui donnent sur la place sont d'une architecture peu différente de celle de la place Vendôme, mais il en reste tout un côté à décorer. Au milieu de la place est une figure équestre de Louis XIV en bronze dont le piédestal est embelli par des bas-reliefs de même métal.

Les façades du Présidial et de l'Hôtel de ville décorent la petite place de Rennes. Ces deux édifices accompagnent

(90) Ce jugement contraste avec celui de quelques voyageurs. En 1768, Bernardin de Saint-Pierre déclare la ville triste; en 1780, Desjobert parut surpris qu'on laissât en permanence sur la place publique la potence et l'échafaud, ce qui pouvait contribuer, en effet, à donner l'impression de tristesse enregistrée par Bernardin; en 1787, la maussade baronne d'Oberkirck nota qu'elle fit à Rennes un excellent souper, après quoi elle ajoute : « Nous y restâmes peu cependant, car nous ne trouvâmes guère à voir, ni à apprendre dans ce pays perdu ». Les voyageurs moins hostiles aux villes provinciales ne dédaignaient pas de voir le Palais du Parlement, la Mairie, les statues de Louis XIV et de Louis XV, la promenade du Thabor. Piganiol de la Force signale aussi le magnifique cabinet du président de Robien.

en forme de pavillon un grand corps rentrant d'architecture dont le milieu doit être occupé par le beau monument de marbre et de bronze que la province veut ériger au Roi et qu'elle fait faire par le Sr Lemoine (92).

Les Etats. — En voyant le Parlement, le Présidial et l'Hôtel de ville si bien bâtis, on croirait que les Etats de la province s'assemblent dans un lieu pour le moins aussy décoré, mais il s'en faut bien qu'il réponde à cette idée; c'est une grande salle basse et mal éclairée du couvent des Cordeliers tendue de vieilles tapisseries mi-partie des armes de France et de Bretagne. Cette salle forme un grand théâtre élevé de dix à douze marches au-dessus du vestibule qui la précède. Ce théâtre est garni de banquettes sur trois de ses côtés. Au fond est un dais sous lequel sont assis l'évêque de Rennes, président-né (93) du clergé et celui des barons qui préside la noblesse. A la droite du premier, les évêques sont assis sur le même banc, et de l'autre côté les barons ou les gentilshommes qui les représentent. L'ordre de la noblesse occupe toute l'aile du théâtre du côté des balcons. Vis-à-vis sont rangés sur l'autre côté les abbés, les députés des chapitres et tout le reste du clergé. A leur suite et sur les mêmes bancs est le tiers état composé des maires et des députés des villes qui sont présidés par le sénéchal de Rennes.

Quand le commandant de la province vient aux Etats, soit pour les ouvrir, soit pour les fermer ou pour quelque

(91) Les tableaux du Parlement à Rennes et le tombeau de François II à Nantes étaient mentionnés dans l'ouvrage de Piganiol de la Force; tous les voyageurs allaient les admirer, mais, sauf Du Buisson-Aubenay, en 1636, et Mme Craddock, qui visita en 1785 toutes les églises de Nantes, ils ne cherchaient pas à découvrir d'autres œuvres d'art. Les églises construites par les Jésuites à Rennes, Brest, Quimper et Vannes et l'abbaye de Prières sont souvent citées avec admiration; la cathédrale de Dol n'a été nommée que par Thomas du Fossé : il la trouva « fort champestre ».

(92) La statue fut inaugurée le 10 novembre 1754.

(93) L'évêque de Rennes n'était pas président-né. L'ordre de l'Eglise était présidé par l'évêque du diocèse auquel appartenait la ville où les Etats étaient convoqués; le sénéchal du ressort présidait l'ordre du Tiers.

affaire qui demande sa présence on lui dresse un throne sous le dais, un peu au devant des deux présidents du clergé et de la noblesse.

Lorsqu'on met une affaire en délibération dans l'assemblée des Etats, chaque président recueille les voix de son ordre. La pluralité des voix fait le vœu de chaque ordre et l'affaire passe à la pluralité des voix de deux ordres contre un. Si les voix sont partagées dans un des trois ordres, il demande à délibérer séparément et pour lors le clergé et le tiers état se retirent dans leurs chambres pour y discuter l'affaire en particulier et ils ne rentrent aux Etats que quand ils ont un avis formé. Pour la noblesse elle ne quitte jamais le théâtre et elle y fait ses délibérations en public pendant que les deux autres ordres sont retirés.

Lorsque les Etats ont quelque proposition ou quelque demande à faire à la Cour, ils envoient une députation au commandant de la province.

Les députés sont admis chez le commandant au *tapis vert* : on appelle ainsi le bureau qu'il tient chez lui pour les affaires de la province avec les commissaires du Roy qui sont l'intendant, le premier président du Parlement, le procureur général et les avocats généraux [94].

Quand une affaire est entamée dans l'assemblée des Etats, l'assemblée tient jusqu'à ce que l'affaire soit décidée. Tout le monde entre à ces assemblées, on en sort quand on veut, on s'y promène, on y parle, on y crie; on voit peu d'assemblées aussi tumultueuses.

A la première séance où j'assistai, le président de Bédée, procureur général syndic des Etats, homme âgé et infirme, donna la démission de sa place, mais il fut continué par acclamation pour prix de ses anciens et bons services.

Aux autres séances il n'a été question que de l'affaire du vingtième. Tout étoit alors en combustion. Le tiers état acceptoit le vingtième et demandoit des modifications dans

(94) Frequemment, le Roi désigna d'autres commissaires.

son recouvrement; le clergé étoit de l'avis de la Cour; la noblesse ne vouloit entendre parler ni de modifications, ni de vingtième et refusoit constamment de donner son avis, voyant que le vingtième alloit passer à la pluralité des voix du tiers état et du clergé réunis. Je fus témoin de leurs débats le 20 octobre à onze heures du matin, à quatre heures de l'après-midy, à minuit et par delà. J'y retournai le lendemain à huit heures du matin : l'assemblée tenoit encore et les affaires n'étoient pas plus avancées que la veille [95].

Les ducs de Rohan et de la Trémouille qui possèdent les deux plus anciennes baronnies président tour à tour la noblesse de Bretagne; en leur absence, ce sont les barons de Lannion [96] et de la Roche-Bernard, à moins qu'ils n'aient des charges dans le Parlement. Les charges donnent l'exclusion non seulement pour la présidence, mais aussy pour la séance aux Etats, excepté celle du sénéchal de Rennes, président-né du tiers état. Les deux officiers syndics de la province que les Etats choisissent pour faire les fonctions de procureurs généraux peuvent être pris dans le corps des magistrats, mais ils ne font que rapporter aux assemblées et n'ont point de voix. Ces places sont recherchées tant pour le crédit et la considération qu'elles donnent que pour les appointements qui y sont attachés.

Immédiatement avant l'ouverture des Etats de Bretagne, on tient à Nantes les petits Etats où l'on reçoit les comptes du trésorier de la province. On y prépare aussi les différentes affaires qui doivent être portées aux assemblées des états généraux.

(95) En 1752, l'étude de la question du vingtième fut lente et laborieuse; le procès-verbal porte que le 19, le 20, le 21, le 22, etc., les ordres se retirèrent dans leurs chambres pour délibérer. Ils ne parurent dans la salle commune que pour entendre diverses communications des commissaires du Roi et pour nommer, le 21, des députés chargés d'aller prendre des nouvelles d'un membre de l'Assemblée qui était malade (Arch. d'Ille-et-Vilaine, C. 2824).

(96) La Noblesse fut présidée le 20 et 21 octobre par le comte de Lannion en qualité de baron de Malétroit.

A présent les grands Etats ne se tiennent plus qu'à Rennes; autrefois on les tenoit successivement dans les différentes villes de la province : à Saint-Malo, à Vannes, à Saint-Brieuc et même à Ancenis. Cet usage qu'on a vraisemblablement abandonné pour la commodité de ceux qui président aux Etats étoit fort avantageux à la province (97).

XII

ROUTE DE RENNES A SAINT-MALO

Les chemins sont assez beaux dans cette partie de la Bretagne; on travaille encore dans quelques endroits à substituer des empierrements à un ancien pavé détestable. Ces empierrements ne sont point encaissés et pourroient n'être pas durables, mais ils sont plus roulants que ceux qui ont été faits au coté de Nantes, parce qu'on a soin de casser à la masse les pierres de la superficie.

J'ai trouvé parmi ces pierres des cailloux de Rennes (98) en quelques endroits, et une singulière espèce de granit tout rouge mêlé de paillettes talqueuses de couleur d'or. Cette matière abonde entre la montagne d'Hédé et Saint-Pierre-de-Plesguen. Le païs paroit fertile et le coup d'œil des campagnes est le même à peu près qu'aux environs de Paris; elles ne sont point entourées d'arbres, de fossés et de hayes comme dans le reste de la province (99).

La route traverse la petite ville de Châteauneuf dont la position est jolie et finit à Saint-Servan, autre ville plus

(97) Les Etats furent tenus en 1758 à Saint-Brieuc, en 1764 à Nantes, en 1768 à Saint-Brieuc, en 1772 à Morlaix.

(98) Poudingue formé de quartz et de diverses roches susceptibles d'un beau poli.

(99) Cette remarque n'est pas exacte; sauf peut-être dans quelques landes, peu nombreuses dans cette région, et dans la *brière* du marais de Dol, les champs sont aussi soigneusement enclos de haies que dans les autres parties de la province.

considérable qui n'est séparée de Saint-Malo que par le port.

Saint-Malo forme deux fois par jour au terme de la haute mer une presqu'île jointe au continent par une longue et belle chaussée revêtue de pierres de taille dans une longueur de trois quarts de lieue environ. Cette chaussée fait le fond du port où les vaisseaux restent tous échoués sur le sable au temps de la basse mer, on peut traverser directement en voiture de Saint-Malo à Saint-Servan sur la grève sans être obligé de faire par la chaussée le tour du port. Les voitures passent sous les beauprés des vaisseaux dans un embarras de barques, d'ancres et de cordages.

Un grand château à deux enceintes flanquées de grosses tours bien garnies d'artillerie commande la ville et défend la chaussée. La ville est enfermée d'une magnifique enceinte de murs garnis de tours et de bastions baignés par la mer, ouvrages faits sous le règne de Louis XIV avec toute la propreté et toute la solidité possible. Ils se terminent en haut par de larges plate-formes sur lesquelles on fait tout le tour de la ville à la vue du port et de Saint-Servan d'un côté, de l'autre à la vue de la pleine mer couverte d'isles, de rochers et de châteaux forts qui rendent ces parages très sûrs en temps de guerre.

. Parmi ces forts, on voit celui de la Conchée bâti par M. de Vauban sur un rocher, dans la mer, à une lieue et demie de la ville. L'abord en est fort difficile pour peu que la mer soit agitée; il faut sauter du bord de la barque sur un escalier détaché des murs. Les sentinelles abaissent un pont-levis à ceux qui leur montrent de loin une permission d'entrer dans le fort.

Les batteries de la Conchée ressemblent assez à celles d'un vaisseau. Ce fort est un carré long dont les angles sont arrondis. La batterie basse est à couvert sous quatre galeries voûtées qui font le tour du château enfermant une grande citerne au milieu d'elles. J'ai admiré sous ces voûtes des coupes singulières très difficiles exécutées en granit avec beaucoup de précision. Les murs épais qui les soutiennent sont percés de vingt fenêtres larges et basses, en forme de sabords, qui donnent passage à un pareil nombre de pièces de canon de 48 livres de balle. Au-dessus des galeries est une plate-forme garnie d'une aussi forte artillerie, mais cette batterie supérieure est à découvert.

Les fortifications de la Conchée, celles de la citadelle et de la ville de Saint-Malo sont les seuls objets qui méritent l'attention des voyageurs. A l'extérieur la ville paraît belle. Les maisons qui bordent les murs sont bien bâties en pierre de taille; la plupart ont cinq et six étages, mais le bas en est triste et sans vue. Le dedans de la ville ne répond pas au coup d'œil extérieur : la plupart des rues sont étroites et mal bâties (100).

Cette ville a été beaucoup plus riche et commerçante qu'elle n'est aujourd'huy (101). Elle faisait autrefois le commerce des grandes Indes; à présent son commerce est réduit à la pêche du banc de Terre-Neuve et à la traite des denrées de nos colonies américaines. Plusieurs commerçants de Saint-Malo ont aussi des maisons à Hambourg et à Cadix. Mais le grand objet du commerce est la pêche des morues. On envoie tous les ans à cette pêche cent-quarante bâtiments tant de Saint-Malo que de Granville. Chaque bâtiment porte une vingtaine de chaloupes, des grappins, des

(100) L'impression de M. de Montullé fut meilleure : « Saint-Malo est à mon gré la plus jolie ville de la Bretagne »; mais il eut la curiosité d'aller voir sortir les célèbres dogues qui gardaient la nuit les abords de la ville et il constata qu'ils répandaient une odeur épouvantable.

(101) Cf. Montullé : « Saint-Malo n'est pas actuellement aussi riche qu'il l'a été autrefois; la guerre est le temps et la source de sa grandeur, mais son commerce diminue par celuy de la Compagnie des Indes qui le rend aujourd'hui moins florissant et fait que bien des familles quittent ce pays pour aller s'établir à Lorient ». — Les causes de la décadence du commerce malouin ont été mises en lumière dans la belle étude de M. H. SÉE : *Le commerce de Saint-Malo dans la deuxième moitié du XVIIIe siècle* (*Revue internationale du commerce, de l'industrie et de la Banque*, 30 septembre 1924).

cordages et du sel. Une partie des vaisseaux sort en mars et revient au mois de juin; une autre bande part au mois de may et rentre dans le courant d'octobre. La pêche de cette année a été si abondante qu'il a fallu en laisser à terre une partie et la morue valait douze livres le quintal au mois d'octobre.

Saint-Servan. — Le port de Saint-Servan où débouche la rivière de Dinan a beaucoup plus d'eau que celui de Saint-Malo : les vaisseaux y flottent à la basse mer. Ces deux ports dont la rade est commune ne sont séparés que par une langue de terre assez étroite. C'est au port de Saint-Servan que se font la plupart des constructions pour les armateurs de Saint-Malo, à la vue de leurs maisons de campagne dont la ville de Saint-Servan est entourée. Cette petite ville est habitée par un peuple nombreux distribué sur six paroisses [102]. Ses habitants sont ocupés aux travaux du port et plus encore à la pêche tant sur les côtes de Bretagne et de Normandie que sur les côtes d'Angleterre. On voit du fort de la Conchée la côte de Cancale, fameuse pour ses huîtres. Aux sardines près, la mer fournit aux environs de Saint-Malo d'excellent poisson en abondance.

XIII

ROUTE DE RENNES A PARIS

On vient aisément en deux jours et demi de Rennes à Paris par les villes de Vitré, la Gravelle, Laval, Mayenne, Alençon, Mortagne, Verneuil, Dreux et Versailles. Je ne me suis point arrêté. On visite les équipages à la Gravelle [103] et l'on y paye des droits d'entrée en passant

(102) Une seule paroisse existait à Saint-Malo; l'auteur ajoute Saint-Servan et les paroisses voisines jusqu'à Cancale peuplées de matelots malouins.

de la Bretagne dans la généralité de Tours qui finit aux portes d'Alençon.

Les chemins sont faits et bien entretenus depuis Rennes jusqu'à Paris, on y voit de belles parties d'empierremens sur les généralités de Paris et de Tours, mais dans toute celle d'Alençon il est rare de trouver cent toises de chemins alignés. Ceux qui s'élèvent en tournant autour des montagnes ont été mal construits. Au lieu de faire des fossés au pied des glacis, on a donné des pentes aux chemins sur leur largeur, ce qui les rend sujets à être dégradés par les ravines. Cependant ces chemins mal faits sont ornés de pyramides de granite, monuments élevés à l'honneur du magistrat plus glorieux qu'habile par qui ces travaux ont été dirigés.

Pour copie conforme :

H. Bourde de la Rogerie.

(103) Mayenne, arrondissement de Laval, canton de Loiron.

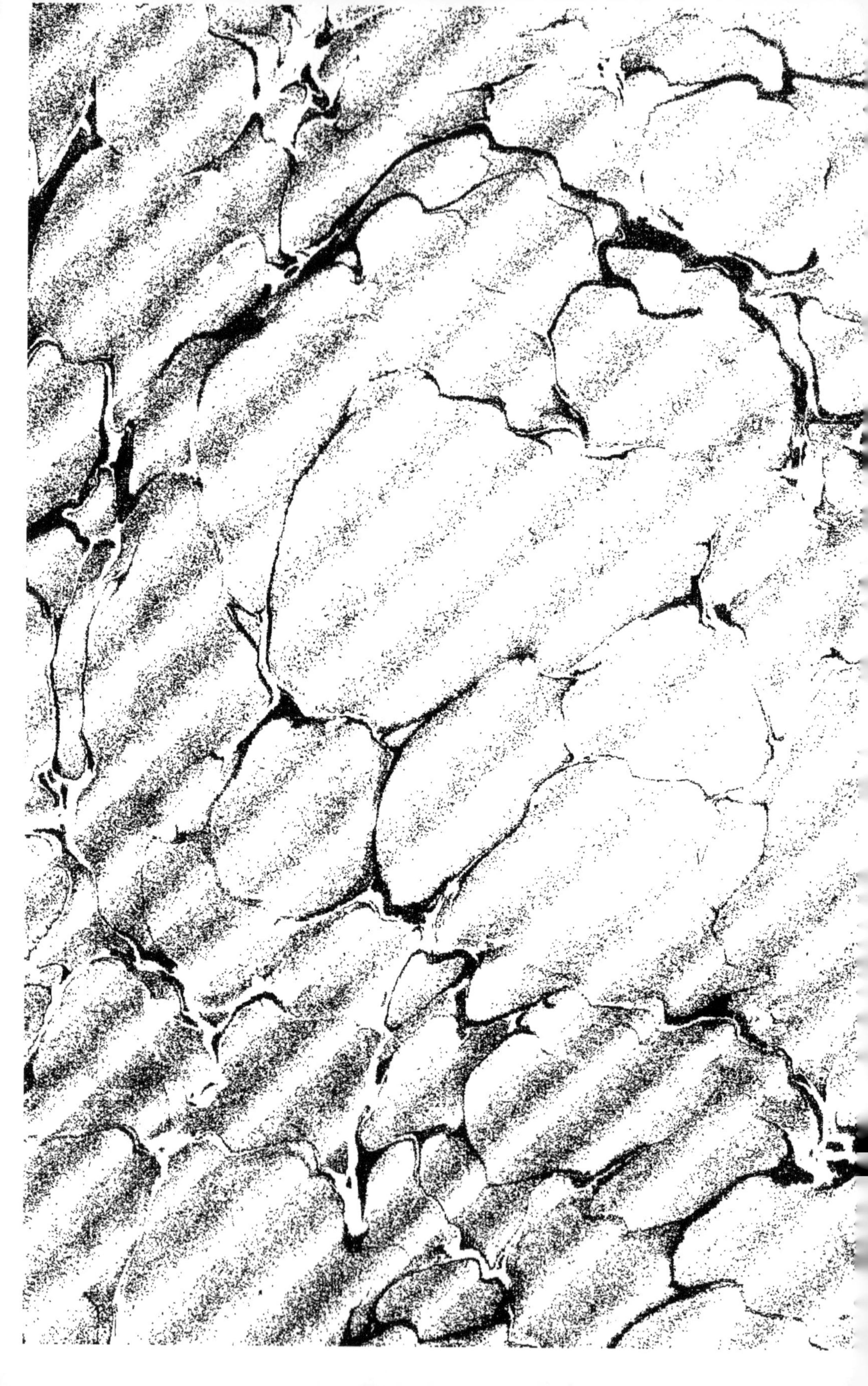

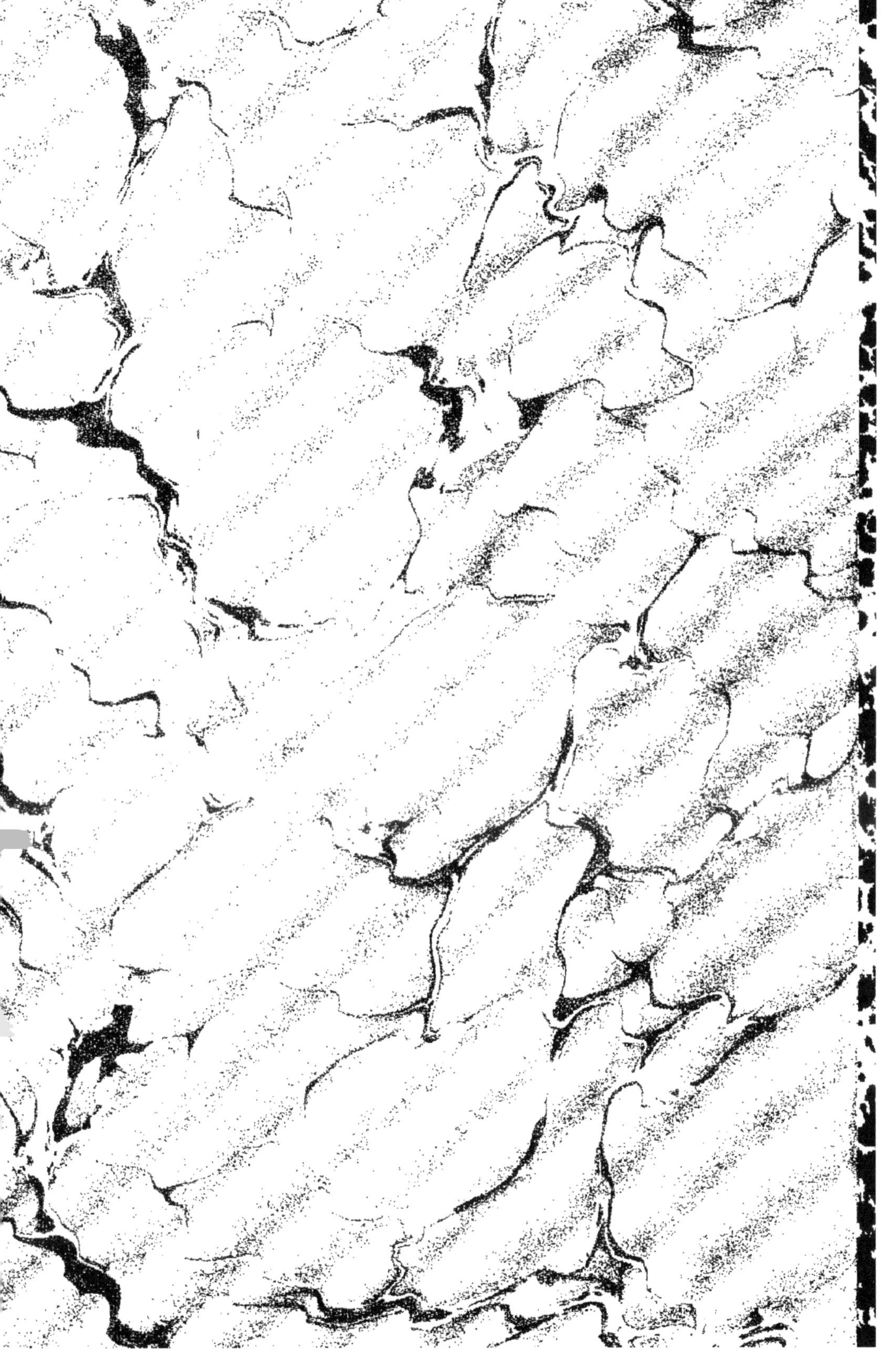

www.ingramcontent.com/pod-product-compliance
Ingram Content Group UK Ltd.
Pitfield, Milton Keynes, MK11 3LW, UK
UKHW020331250726
13967UKWH00005B/1978